Das HANDBUCH für DROHNEN PILOTEN

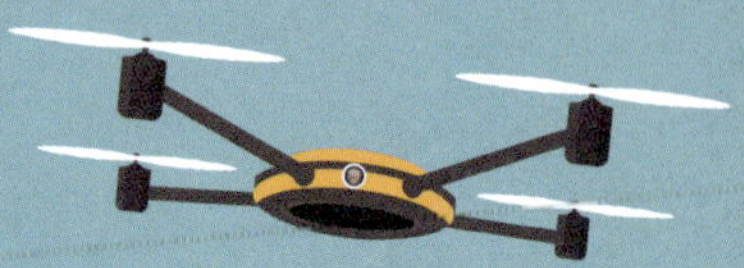

ISBN 978-3-8094-4078-9

1. Auflage

Die englische Erstausgabe wurde erstmals 2016 von ILEX, einem Imprint von Octopus Publishing Group Limited, Carmelite House, 50 Victoria Embankment, London EC4Y 0DZ publiziert.
Titel der englischen Originalausgabe:
The Drone Pilot's Handbook

Projektleitung dieser Ausgabe: Dr. Iris Hahner
Übersetzung: SAW Communications, Rena Herbig
Redaktion und Producing: SAW Communications, Redaktionsbüro Dr. Sabine A. Werner, Mainz
Satz: SAW Communications in Zusammenarbeit mit Katrin Pfeil, Mainz
Umschlaggestaltung: Atelier Versen, Bad Aibling
Herstellung: Elke Cramer

Printed in China

ADAM JUNIPER

Das HANDBUCH für DROHNEN PILOTEN

Basics Praxis Regeln Technik

Bassermann

4 Im Einsatz 92

5 Sicherheit 118

6 Fotografie 140

EINFÜHRUNG

Am 19. September des Jahres 1783 widerfuhr einem Schaf etwas höchst Ungewöhnliches. Es hing neben einer Ente und einem Hahn in der Luft. Von dort aus konnte der wollige Vierbeiner auf 130 000 Menschen, darunter König Ludwig XVI. und Marie Antoinette, hinabblicken, die verblüfft zu ihm hinaufstarrten – oder eigentlich zu dem Heißluftballon, der ihn trug. Es war der Ballon der Brüder Montgolfier, und erst als das Schaf – es hieß Montauciel – wohlbehalten zur Erde zurückgekehrt war, sollten auch Menschen ihn besteigen.

Gut 100 Jahre, nachdem Menschen erstmals auf diese Weise vom Boden abgehoben waren, unternahmen Orville und Wilbur Wright ihren berühmten ersten motorisierten Flug in Kitty Hawk. Ihr Flugzeug war kaum mehr als ein motorisierter Drachen, aber in ihm bewegte sich zum ersten Mal ein Mensch gezielt durch die Luft. Nicht einmal 70 Jahre später hinterließ ein Mensch seinen Fußabdruck auf dem Mond. Das unglaubliche Entwicklungstempo mag sich verlangsamt haben, dafür wurde das Fliegen demokratisiert. Inzwischen kannst du dich den neuen Pionieren der Lüfte anschließen, wo immer Drohnen verkauft werden.

Copter sind eine ganz neue aufregende Kategorie von Geräten, die innerhalb von etwa fünf Jahren fast aus dem Nichts aufgetaucht sind und Speed-Freaks genauso wie Fotografen und Filmemachern einen faszinierenden Tummelplatz bieten. Landwirte, Forscher und Energieversorger haben in ihnen einen neuen Weg zum Sammeln wichtiger Daten gefunden, und Rettungsdiensten bieten sie einen fantastischen Überblick – vielleicht liefern sie bald sogar Pakete aus.

Von der Sache mit den Paketen einmal abgesehen, scheint vom Nutzwert der Copter aber bei den Massenmedien bislang wenig angekommen zu sein. Stattdessen konzentrieren die sich auf verschiedenste Risiken und Gefahren: „Beinahe-Zusammenstoß mit Passagierjet" oder „Drohne stürzt auf Stadionbesucher". Neben der Struktur der profitabhängigen Medien mit ihrem altbekannten Negativismus und der jahrzehntelangen Verknappung der redaktionellen Ausstattung ist die Hauptursache dafür aber recht einfach zu benennen: Idioten an der Steuerung. Zumindest daran können wir arbeiten.

Ein wichtiges Ziel dieses Buches ist es, Drohnenpiloten zu zeigen, wie sie ihr Gefährt betreiben können, ohne etwas Dummes anzustellen. Drohnen sind noch recht neu, und jedes Missgeschick sollte vermieden werden, das den Gesetzgebern

einen Anlass bieten würde, ihren Betrieb ganz zu verbieten. Denn das wäre ausgesprochen schade für eine aufregende Technik, die neben all dem Spaß, den sie bietet, auch das Potenzial hat, das Leben besser zu machen.

Das Buch möchte dir zeigen, wie man sich als Drohnenpilot verhält.

Updates, Rezensionen, Tutorials und Videos auf www.tamesky.com/handbook.

GRUND-
BEGRIFFE

WO KOMMEN DENN DIE DROHNEN HER?

Wenn Mami Drohne und Papi Drohne sich ganz lieb haben ...

Manche meinen, eine Drohne sei eine Mischung aus ferngesteuertem Auto und besonders wütender Hornisse. Das ist gar keine so falsche Annahme. Natürlich haben die ferngesteuerten Autos, Boote, Flugzeuge und vor allem Hubschrauber einen Anteil an der Entwicklung der Drohnen. Die eigentliche Innovation geht aber

auf die Wii von Nintendo und die Entwicklung der Smartphones zurück. Die Sensoren, die Multicopter brauchen, um Position, Richtung und Neigung zu bestimmen, werden auch in diesen Geräten in immer größerer Anzahl verbaut und dadurch immer kleiner und preiswerter.

Irgendwann haben Bastler begonnen, sich sehr eingehend mit der Fernbedienung der Nintendo Wii auseinanderzusetzen, und im Jahr 2010 brachte die französische Firma Parrot mit der AR.Drone die erste kommerzielle Drohne für jedermann auf den Markt und beflügelte die Fantasie vieler Menschen.

SIND SIE LEGAL?

Drohnen sind legal, aber Dummheit gehört verboten

Im Kapitel „Sicherheit" werden diese Aspekte noch genauer erläutert. Grundsätzlich solltest du dich aber nicht von manchen aufgeregten Beiträgen in den Medien verwirren lassen. Die Drohnen, die man legal kaufen kann, darf man auch legal fliegen. In vielen Ländern, auch in der EU, gibt es jedoch einige Vorschriften hinsichtlich des Drohnenfliegens als Hobby. Man sollte sich generell von fremden Wohngrundstücken fernhalten, besonders wenn das Fluggerät über Aufzeichnungsmöglichkeiten verfügt, und es gibt Flugverbote für bestimmte sensible Zonen, wie Gebäude, Verkehrswege oder Flughäfen. In Deutschland muss eine Drohne eine Plakette mit Namen und Adresse des Eigentümers tragen. Die EU feilt noch an weiteren Bestimmungen.

Wenn du mit der Drohne einen Schaden verursachst, bist du dafür haftbar. Eine von deiner Drohne verursachte Massenkarambolage, weil du über eine Autobahn geflogen bist, kann mit einem Schaden in Millionenhöhe enden. Eventuelle Verletzte oder gar Tote befördern die Geschichte in noch ganz andere Dimensionen. Eine Haftpflichtversicherung bietet nur dann Schutz, wenn du absolut vorschriftsmäßig fliegst, was über einer Autobahn eindeutig nicht der Fall ist.

Für gewerbliche Einsatzzwecke gelten wiederum unterschiedliche andere Regelungen, zu denen es gehören kann, auf eigene Kosten eine Prüfung zu machen. Auch dazu findest du Genaueres im Kapitel „Sicherheit".

DAS IST ALSO EINE DROHNE ...

Warum werden so viele Dinge als „Drohnen" bezeichnet?

Es herrscht inzwischen ziemliche Verwirrung darüber, was eine Drohne ist und was nicht. Die technisch beste Definition ist wohl „Unmanned Aerial Vehicle" (UAV, unbemanntes Fluggerät), aber das klingt ein bisschen langweilig, weshalb es sich wohl auch nicht durchgesetzt hat.

Es gibt auch unter Nutzern und Fans unterschiedliche Ansichten darüber, wie und für was der Begriff Drohne verwendet werden soll. Manche finden, er bringt die harmlosen Fluggeräte zu sehr in Verbindung mit militärischem Gerät wie dem „Predator" und dem „Reaper", die wohl eher nicht „Raubtier" und „Sensenmann" genannt wurden, um kuschelige Herzlichkeit zu verbreiten. Andere wenden ein, dass eine Drohne, ein männliches Insekt, schließlich selbstständig fliegt, wohingegen die so bezeichneten Fluggeräte ferngesteuert werden. Wie bei jedem Hobby wird diese Diskussion gelegentlich über jedes sinnvolle Maß hinaus betrieben. Die Betreffenden langweilen sich vermutlich, während die Akkus aufladen. Hier im Buch verwende ich zumindest den Begriff „Drohne" und wechsle zur Abwechslung ab und an zu „Multicopter". Ich hoffe, dass sich daran niemand stört.

DRINNEN FLIEGEN

Warum nach draußen gehen?

Draußen ist das Wetter ekelhaft, es ist schon dunkel, oder du willst schlicht daheim bleiben. Der Paketbote – oder eines Tages mal die Lieferdrohne – bringt dir neues Spielzeug sowieso bis an die Haustür, warum solltest du also deine vier Wände verlassen?

Es gibt eine ganze Anzahl an Drohnen, die so konstruiert sind, dass sie ebenfalls nicht in die Tiefe des Raums gehören. Bei einem Fluggerät, das sich nicht den Gefahren des Winds aussetzen muss, können es sich die Konstrukteure erlauben, den Spaßfaktor noch ein bisschen mehr zu betonen. Motoren, Rotoren und das Fluggerät selbst können winzig sein, und die beschränkten Entfernungen machen es möglich, die Fernsteuerung mit bewährten Hausgerätetechniken, wie Infrarot, das auch in der TV-Fernbedienung zum Einsatz kommt, oder Bluetooth zu betreiben.

Natürlich kann theoretisch jede Drohne auch unter einem Dach fliegen, doch je größer sie ist, desto kleiner erscheint der Raum. Einige Hersteller bieten Indoor-Schutzgehäuse an, Gestelle, welche die Propeller schützen. Außerdem gibt es Sensoren für den sogenannten „optischen Fluss" (siehe S. 90), die dabei helfen sollen, ein Wegdriften in Bodennähe zu verhindern.

SPIELZEUG-DROHNEN

Jede Menge Spaß!

Drohnen gibt's in Spielzeugläden. Sind Drohnen also Spielzeug? Nicht unbedingt, aber sie können es sein. Es kommt letztlich darauf an, was du mit einer Drohne machst. Man kann aber sagen, dass es eine Kategorie von Drohnen gibt, die nur für die schiere Freude am Fliegen gebaut wurden. In jüngster Zeit findet sich selbst in den meisten Geschenkkatalogen schon eine eigene Rubrik „Drohnen".

Man findet dort zwar meist billige Imitate bekannter Marken, aber es gibt auch viel Innovatives, und die Konstrukteure waren bei den Lösungen, die Propeller zu schützen – oder die Menschen vor den Propellern –, teilweise kreativer als bei vielen Markenprodukten oder Profi-Multicoptern, und das bei deutlich niedrigeren Preisen.

Neben den herkömmlichen Langwellen-Funkcontrollern finden sich in dieser Kategorie auch faszinierende technische Spielereien, wie WLAN-betriebene Steuerungen über Smartphone.

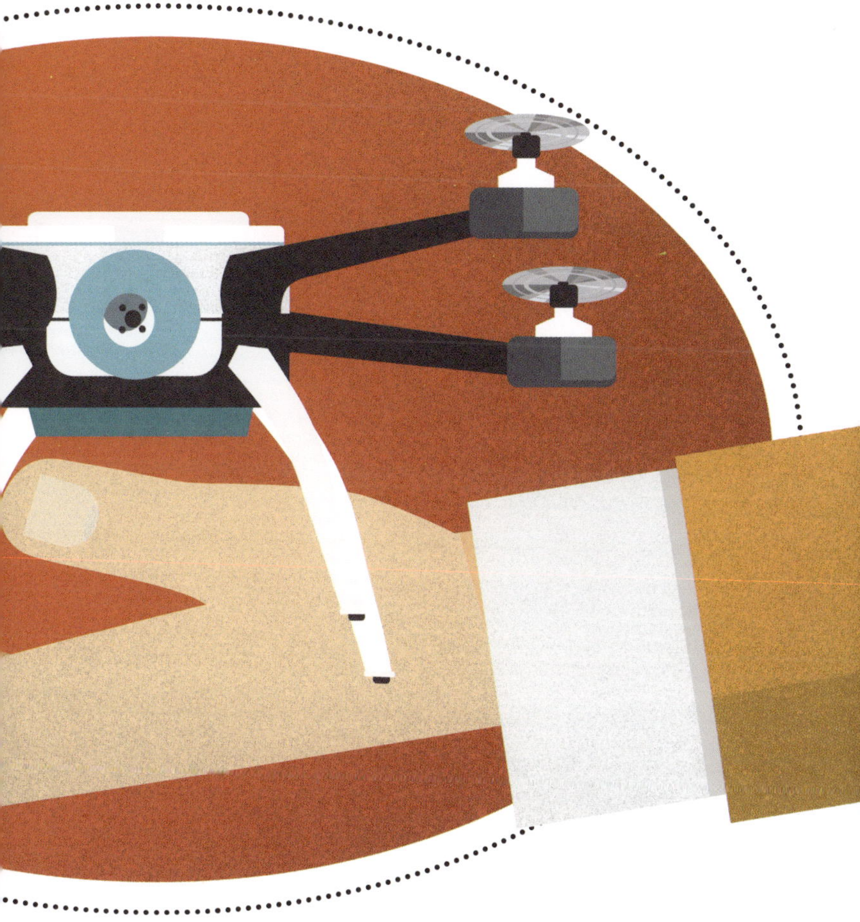

250ER-KLASSE

Für Hochgeschwindigkeit gebaut

Die Bezeichnung der kompakten und sehr leistungsstarken 250er-Klasse ist abgleitet vom Abstand zweier diagonal gegenüberstehender Propellerachsen in Millimetern. Wer sich für Drohnen begeistert, rechnet im metrischen System.

Solche Multicopter werden unter anderem für FPV-Rennen gebaut. „FPV“ steht für „First Person Video“: Am Gestell der Renndrohne ist eine

Kamera befestigt, deren Bild zu einer speziellen Videobrille gesendet wird, die der Pilot trägt. Er sieht also Bilder, als wäre er ein mitfliegender Pilot, und steuert die Drohne anhand dieser Bilder.

Das erforderliche Geschick beim Steuern erwirbt man sich durch Training. Das besteht oft aus vielen aufeinanderfolgenden Flügen, Abstürzen und Reparaturen. Da werden deine Schraubendreher nicht kalt … Zum Glück sind die Gestelle stabil, und die billigen Propeller fangen meist das Schlimmste ab. Geh mit einem 250er nicht ohne dein Reparatur-Set aus dem Haus!

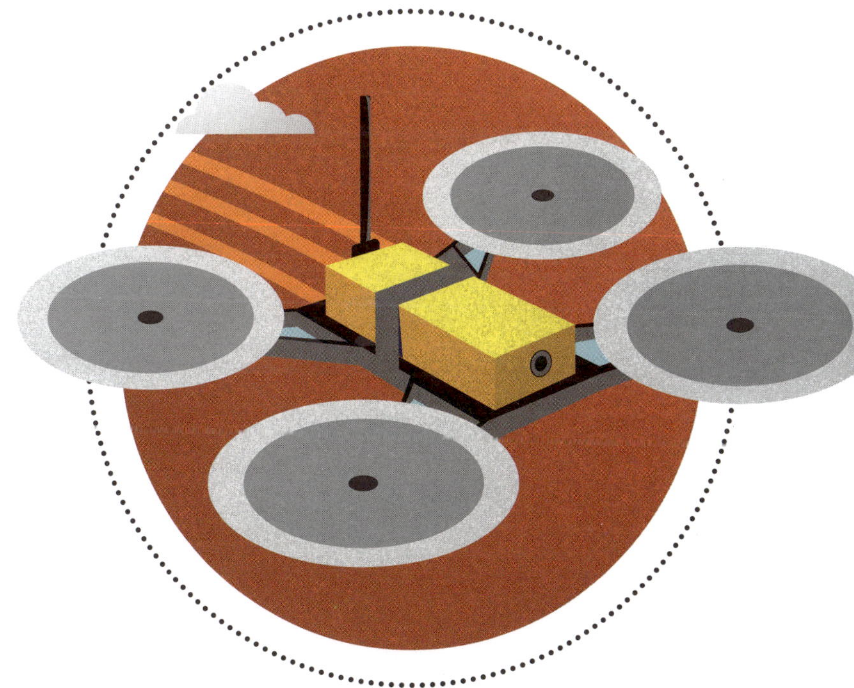

GRUNDBEGRIFFE

FLIEGENDE AUGEN

Das coolste Accessoire eines Fotografen

Es hat nicht lange gedauert, bis Fotografen und Kameraleute erkannten, welche Möglichkeiten zur Luftaufnahme Drohnen bieten. Die Chance, Bilder oder Filmaufnahmen aus der Vogelperspektive aufzunehmen, ist unglaublich verführerisch.

Die Kombination von Kamera und motorisiertem Fluggerät bringt jedoch auch Probleme für beide Komponenten mit sich. Die Vibrationen der

Motoren und Propeller beeinflussen die Kamera, und deren Gewicht und Ausrichtung haben wiederum Einfluss auf die Balance und Flugeigenschaften der Drohne. Kameraleute müssen außerdem Einstellung und Abfolge der Aufnahmen festlegen und steuern können.

Die echten „fliegenden Kameras" unter den Drohnen sind somit jene mit motorisierter kardanischer Aufhängung – meist mit dem englischen Begriff Gimbal bezeichnet –, einem Gerät, das unten am Rumpf hängt und elektronisch die Kamera stabilisiert. Außerdem gehören zur Ausrüstung ein Display am Boden, sodass der Pilot aus der Ferne das Kamerabild sehen kann, sowie GPS, um die Drohne jeweils präzise in Position zu bringen und zu halten.

GRUNDBEGRIFFE

PROFI-DROHNEN

Du kriegst, was du bezahlst

Als die Kategorie der „fliegenden Kamera" sich durchgesetzt hatte, entwickelten sich auch hier Unterkategorien. Heute kosten günstige digitale Spiegelreflexkameras nur einen Bruchteil des Preises der High-End-Profimodelle. Dennoch greifen selbst viele Hobbyfotografen zum Profimodell. Sie sind in ihren Grundmodi genauso einfach zu bedienen, bieten jedoch deutlich mehr Einstellmöglichkeiten.

Gerade die hochprofessionellen Kamera-Copter haben paradoxerweise vieles mit Eigenbaugeräten gemeinsam, sie bieten eine enorme Flexibilität, erfordern aber Spezialkenntnisse. So tat sich auf dem Markt eine Lücke für Fertiglösungen mit Profiausstattungsmerkmalen auf. Dazu gehört ein Teammodus, bei dem ein Pilot das Gerät fliegt und eine zweite Person die Kamera bedient.

Selbstverständlich haben mehrere Hersteller mit Geräten in Premiumqualität diese Lücke gefüllt und bieten Drohnen an, die zum Beispiel ideal für Firmen der Foto- oder Videobranche sind, die ihre Angebotspalette erweitern möchten.

GRUNDBEGRIFFE

HOCH-PROFESSIONELL

Nur der Himmel ist die Grenze

Die Preise dafür mögen einem die Tränen in die Augen treiben, doch Profis können inzwischen Drohnen genau nach ihren Wünschen bestellen. Oder Sie können sich diese selbst aus Elementen zusammenstellen, die sie bei den Herstellern bekommen, die ansonsten Großserien von Fertigcoptern auf den Markt werfen. Man darf zwar nicht unbedingt mit tollem Design rechnen, aber mit praktischer Modulbauweise.

Zu den Profianforderungen zählt auch die Fähigkeit, hollywoodreife Kameras in der Luft zu halten, also solche mit enorm schweren Linsen, deren Fokus sich für vielfältige Luftaufnahmen fernsteuern lässt. Daneben gibt es auch spezielle Verwendungszwecke, wie etwa polizeiliche Überwachung oder Such- und Rettungsaktionen, die erheblich längere Flugzeiten erfordern.

Schwere Zuladungen und lange Flugzeiten machen leistungsfähigere – und damit ebenfalls schwerere – Akkus notwendig. Einige Profidrohnen sind daher wahre Monster mit einem Abhebegewicht von bis zu 20 Kilogramm.

WIE MAN ES AUCH DREHT …

… Leonardo da Vinci hat es nicht bedacht

In seiner berühmten Skizze der „Luftschraube", einer Flugmaschine, hat Leonardo die Fliehkraft nicht bedacht, die auf die abgebildete Plattform ebenso wie auf die Flügelschraube einwirken würde. Selbst wenn die notwendige Bedienmannschaft an den Hebeln es irgendwie geschafft hätte, das Gerät vom Boden abheben zu lassen, wäre sie übel durchgeschüttelt worden, und der Flug hätte ein schnelles Ende gefunden.

Durch das Ausnutzen der Fliehkraft ist es für eine Linkskurve des Copters nur nötig, dass der Flugkontrollcomputer diejenigen Rotoren beschleunigt, die sich im Uhrzeigersinn – also der Kurvenrichtung entgegengesetzten Richtung – drehen, und die anderen entsprechend drosselt, sodass zwar der Auftrieb des Copters derselbe bleibt, aber die ungleichmäßige Fliehkraft das Gerät um seine Vertikalachse dreht.

Für den Piloten wird dies automatisch geregelt. Wenn deine Steuerung auf den normalen „Modus 2" (siehe S. 34) gestellt ist, wird der Copter durch Bewegen des linken Hebels nach links oder rechts drehen (oder gieren).

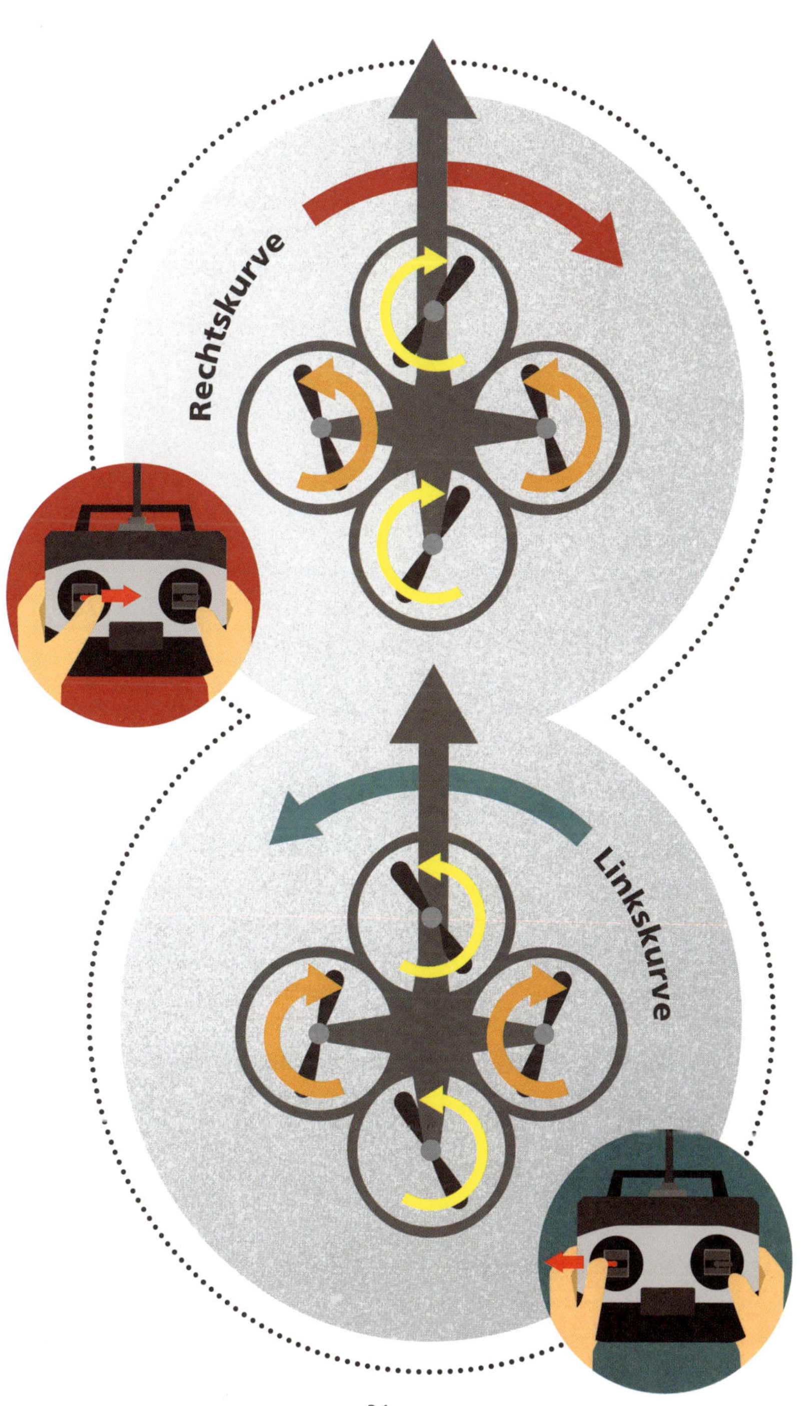
Rechtskurve
Linkskurve

TRICOPTER: REGELBRECHER

Keine Regel ohne Ausnahme

Es gibt eine verbreitete Art von Multicoptern, welche die Fliehkraft nicht mit der Anzahl der Propeller beeinflussen. Tricopter nutzen stattdessen einen Servomotor, der bei Bedarf den Heckrotor neigen kann.

Die Fans der Tricopter sind der Ansicht, die Geräte mit drei Propellern seien geschmeidiger und aufregender zu fliegen. Das macht sie zu beliebten, wenn auch ambitionierten Eigenbauprojekten. Wenn du selbst schon mal einen Quadrocopter gebaut hast, ist ein Tricopter das ideale nächste Projekt. Seine Flugruhe macht ihn zur perfekten Plattform für eine Kamera oben in der Gestellmitte.

Genau wie bei anderen Multicoptern lenkt der Pilot durch die horizontale Bewegung des linken Hebels (Modus 2), dabei steuert der FC-Computer zusätzlich den Servomotor zum Gieren, und das Resultat ist ein Fluggerät, das einerseits wie ein Flugzeug eine Querneigung einnehmen, nicken und gieren, andererseits aber auch wie alle anderen Copter schweben kann.

CONTROLLER

Sei im Modus

Die Kontrollinstrumente des Piloten bestehen meistens aus zwei Hebeln, die sich jeweils auf zwei Achsen bewegen lassen. Das sind die ersten vier „Kanäle" der alten Fachsprache, aber sie arbeiten nicht immer auf die gleiche Weise.

Zumindest außerhalb Asiens ist der Modus 2 deutlich am verbreitetsten, bei dem der rechte Hebel sozusagen zum Hauptkontrollknüppel eines Hubschraubers wird, während der linke Ruder (Drehung) und Schub steuert.

Der Modus ist besonders wichtig, wenn du eine Fernsteuerung mit ungefedertem Schubhebel kaufst, denn dann wird der Regler in Modus 1 (und 3) anders belegt sein als in Modus 2 (und 4).

VORSICHT

Es geht hier nicht um Links- oder Rechtshänder, sondern um die jeweilige bewusste Präferenz des Piloten.

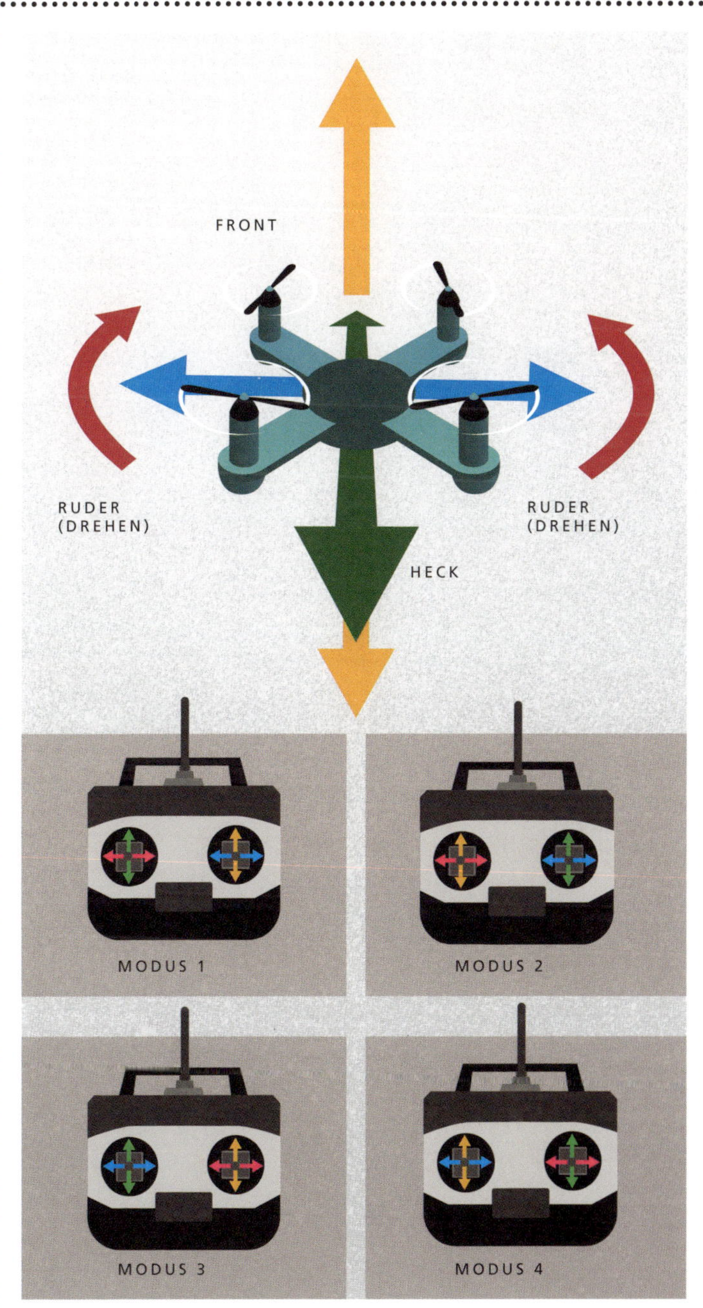
FRONT
RUDER
(DREHEN)
RUDER
(DREHEN)
HECK
MODUS 1
MODUS 2
MODUS 3
MODUS 4

GRUNDBEGRIFFE

WIE SIE FLIEGEN

Sie besitzen etwas, das andere Objekte nicht haben

Obwohl die rotierenden Propeller und der spürbare Abwind ahnen lassen, wie Drohnen in der Luft bleiben, hat die Art und Weise, wie Multicopter ihre Position halten, etwas Magisches. Sie kippen nicht einfach seitlich ab oder kommen unkontrolliert ins Trudeln.

Das liegt daran, dass die Flugsteuerung – der Computer, der Multicopter erst möglich macht – ununterbrochen die Motordrehzahl minimal ändert, und das alles, ohne dass der Pilot die Motoren einzeln steuern muss. Flugsteuerungen nehmen jede Abweichung von der Balance wahr und korrigieren sie auf der Stelle. Bei aufwendigeren Systemen wird sogar verhindert, dass die Drohne durch den Wind von ihrer GPS-Position weggetrieben wird.

Damit sich der Copter nicht unkontrolliert drehen kann, sind die Propeller in Paaren angeordnet, die sich gegenläufig drehen. Auf diese Weise gleicht ein Paar das Drehmoment des jeweils anderen aus. Ein Heckrotor wie bei Hubschraubern ist bei Drohnen überflüssig.

SICHTWEITE

Wie weit kannst du sehen?

Selbst für mit raffinierten Systemen für „First Person Video" ausgerüstete Drohnen, die dem Piloten direkt ein Bild zusenden, gilt letztlich: Wenn du die Drohne nicht sehen kannst, kannst du sie auch nicht fliegen.

Die Distanz, aus der du noch zuverlässig erkennen kannst, welche Lage dein Copter im umgebenden Raum einnimmt, beträgt 500 Meter, das entspricht etwa fünf Fußballfeldern.

Wenn sich deine Drohne in völlig horizontalem Flug von dir wegbewegt, scheint es, als würde sie sinken, da die Perspektive sie näher an den Horizont schiebt. Diesen Sachverhalt solltest du in Verbindung mit der Richtung, in die der Copter „schaut", stets berücksichtigen.

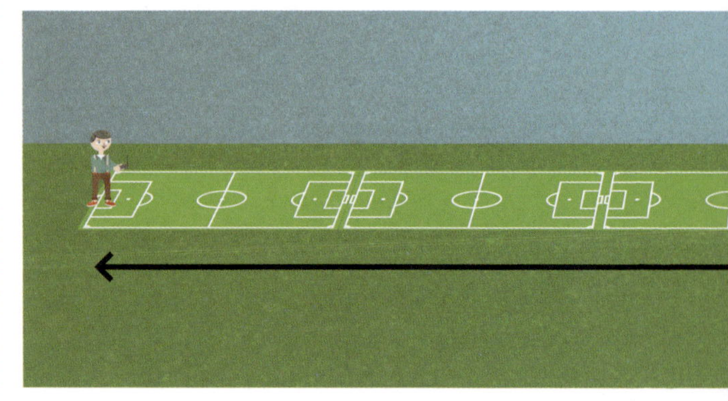

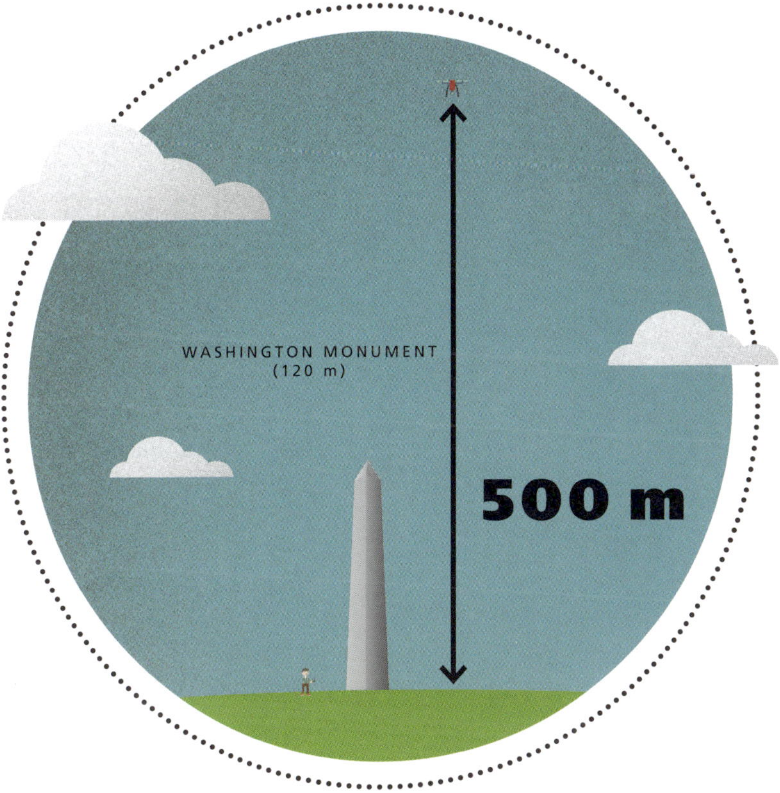
WASHINGTON MONUMENT
(120 m)
500 m

500 m

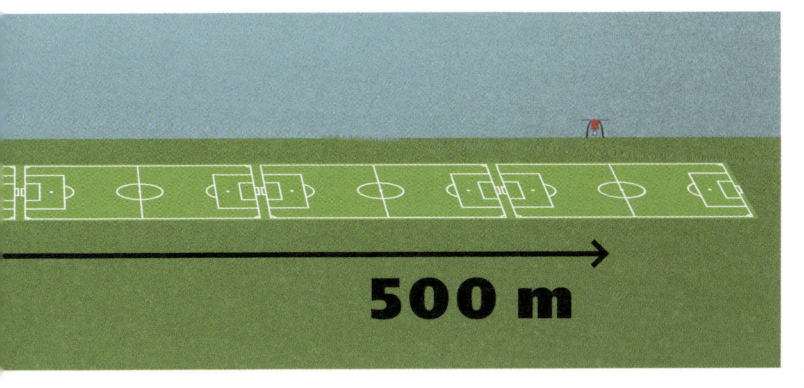

GRUNDBEGRIFFE

TELEMETRIE

Die Zahlen sagen alles

Drohnen könnten ohne ihre eingebauten FC-Steuerungen nicht fliegen, und diese beziehen ihre Daten aus einer ganzen Reihe von Messinstrumenten, darunter Luftdrucksensoren für die Höhe, Beschleunigungsmesser für die Geschwindigkeit und Richtung sowie unter Umständen GPS für die Positionsbestimmung.

Damit diese dem Piloten über das Steuerungssystem übermittelt werden können, ist ein Zweiwege-RC-System nötig. Mit der wachsenden Bedeutung von Drohnen für die Hersteller erfuhren diese Systeme eine immer größere Verbreitung, zudem konnten digitale Systeme die verfügbare Bandbreite immer besser nutzen.

Für den engagierten und interessierten Piloten können Telemetrieanzeigen entweder direkt in die Fernbedienung integriert oder als spezielles Zubehör daran befestigt sein. Alternativ kann die Drohne so ausgestattet sein, dass die Daten in das Videosignal einspeist werden. Die Daten können von der Drohne auch mit einem digitalen Signal gesendet und mithilfe einer speziellen App angezeigt werden.

ALT: 17

FIRST PERSON VIEW (FPV)

Ich-Perspektive, aber kein Ego-Shooter

Die Videospiel-Branche hat schon recht, die Action fühlt sich authentischer an, wenn man das Geschehen vom Pilotensitz aus oder generell durch die Augen des direkt Agierenden betrachten kann.

Beim FPV sitzt eine – für die Ära des digitalen HDTV – technisch vergleichsweise primitive kleine PAL/NTSC-Kamera vorne an der Drohne, und ein Transmitter sendet das Signal an das Empfangsgerät für den Piloten. Letzteres wird meist in Form einer Videobrille getragen.

Dieses Vorgehen mag sich nach Steinzeit anhören, hat aber seinen Sinn. Weil digitale Signale zuerst ver- und dann wieder entschlüsselt werden müssen, ist die Latenzzeit beim analogen Senden signifikant geringer. Die so eingesparten Millisekunden können helfen, einen Crash zu vermeiden.

VORSICHT

Als FPV-Pilot mit Videobrille kannst du um dich herum kaum etwas wahrnehmen, deshalb solltest du stets einen Assistenten dabeihaben – in der Schweiz ist dies sogar vorgeschrieben.

FLUG-
PRAXIS

SIMULATOREN

Pixel crashen kostet nichts

Das Glück ist oft genug nicht mit dem Mutigen, sondern lacht in aller Regel eher dem bevorzugten Ersatzteilhändler des Mutigen. Aber du kannst die Dinge zumindest ein wenig zu deinen Gunsten beeinflussen, wenn du dir die Grundlagen an einem Flugsimulator erarbeitest. Es gibt hier mehrere Möglichkeiten, von Smartphone-Apps bis zu PC-Programmen. Für einige sind komplexe Fernbedienungen nötig, andere steuerst du mit der PlayStation-Konsole. Die Drohnenfirma DJI hat in ihrer Pilot-App (Inspire 1, Phantom 3 und spätere Modelle) sogar einen Simulationsmodus.

Je mehr der Controller, den du für deinen Simulator benutzt, dem Hebel an der Fernsteuerung ähnelt, desto hilfreicher wird die Simulation für dich sein. Natürlich ist es wichtig, darauf zu achten, dass du genau den Steuerungsmodus simulierst, in dem du auch fliegen wirst.

FLUGMODI

Sportlich oder lieber sicher

Viele Autos mit Automatikgetriebe besitzen einen „Sportmodus“, der das Handling leicht verändert – und dabei kräftig Sprit schluckt. Der Moduswechsel bei einer Drohne kann noch weiter reichende Folgen haben, da damit bestimmte Piloten-Assistenzsysteme an- oder ausgeschaltet werden.

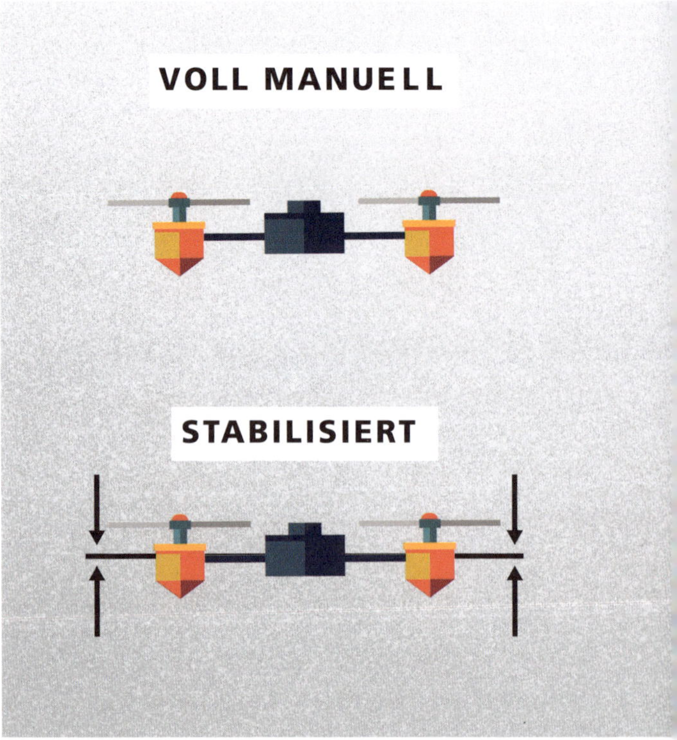

VOLL MANUELL

STABILISIERT

Die Effekte eines Moduswechsels sind je nach Hersteller und Drohne verschieden, doch im Wesentlichen kann man sie so charakterisieren:

- **Voll manuell:** Nur für erfahrene Piloten zu empfehlen!
- **Stabilisiert:** Die Drohne stabilisiert sich beim Loslassen der Kontrollhebel automatisch.
- **Höhe halten:** Die Drohne hält ihre Höhe, driftet aber seitlich ab.
- **Kreisen (Warteflug)/GPS halten:** Die Drohne verbleibt an derselben Position im Raum, wenn du die Steuerungshebel loslässt.

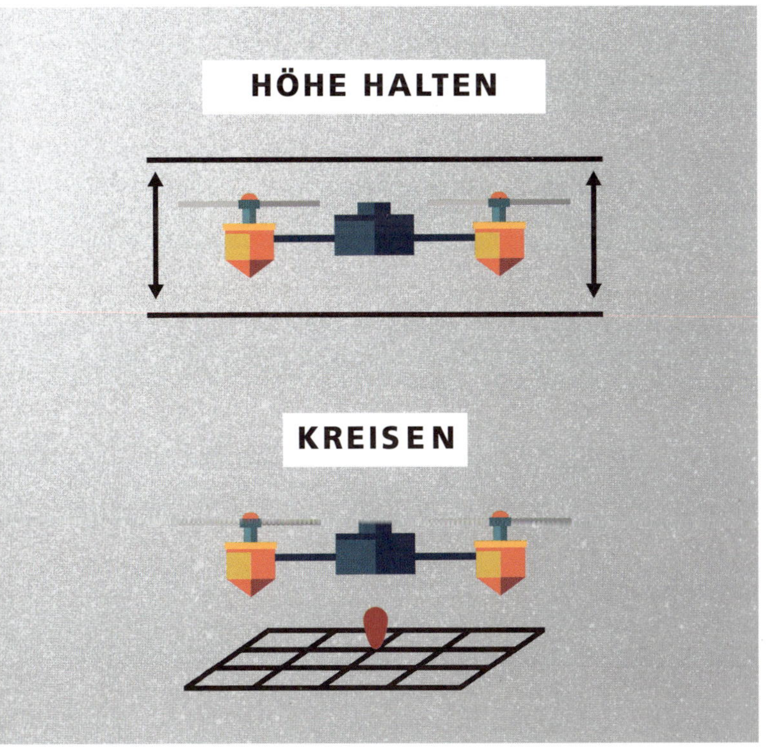

FLUGPRAXIS

EINFACHE MODI

Nützliche Hilfe

Neuere Drohnen bieten auch etwas, das mal „absoluter Modus“, mal „supereinfacher Modus“ oder „Headless Modus“ genannt wird.

Wenn du im normalen Modus abhebst, vorwärts fliegst, die Drohne mit der Steuerung um 90 Grad nach rechts drehst und dann wieder vorwärts fliegst, wird sich die Drohne aus deiner Piloten-Perspektive nach rechts bewegen.

Wenn du allerdings im supereinfachen Modus abhebst, geradeaus fliegst, die Drohne nach rechts drehst und dann wieder geradeaus fliegst, schickt die Vorwärtssteuerung die Drohne weiter auf derselben Linie von deiner Position weg. Der Vorteil besteht darin, dass du dir keine Gedanken um die Ausrichtungung der Drohne machen musst, was praktisch ist, wenn sie schwer zu sehen ist oder dich dein dreidimensionales Vorstellungsvermögen gerade im Stich lässt!

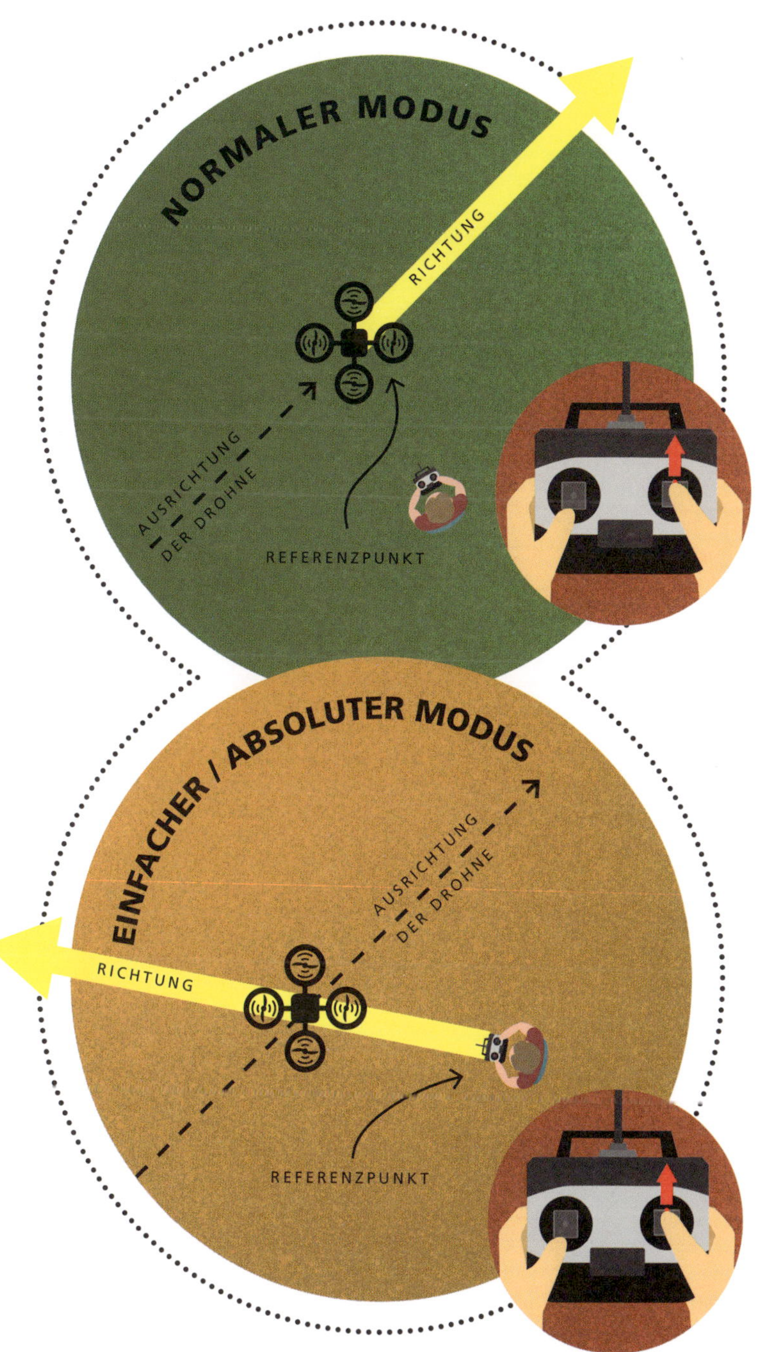
NORMALER MODUS
RICHTUNG
AUSRICHTUNG
DER DROHNE
REFERENZPUNKT
EINFACHER / ABSOLUTER MODUS
AUSRICHTUNG
DER DROHNE
RICHTUNG
REFERENZPUNKT

ZU HAUSE VOR DEM FLUG

Mach deine Hausaufgaben

Vielleicht erinnerst du dich noch an den Traum, in dem du nackt in die Schule gegangen bist. Mit dem Traum wollte dein Unterbewusstsein dich daran erinnern, immer gut vorbereitet zu sein. So vermeidest du es, wie ein Idiot dazustehen, wenn du mit deinem Copter irgendwo auftauchst, ihn aber nicht in die Luft bekommst.

Der häufigste Fehler besteht darin, mit leeren Akkus aufzubrechen – oder deine Drohne hat volle Akkus, aber die in der Fernbedienung sind leer. Überprüfe immer den Zustand deiner Akkus, sobald die Wettervorhersage gut ist.

Der Vorabend ist die beste Zeit, um alle Schrauben zu überprüfen, denn die können sich durch die Vibrationen beim Fliegen überraschend schnell lockern. Du solltest auch immer genug Ersatzpropeller dabeihaben sowie alle notwendigen Werkzeugteile. Es schadet auch nicht nachzuschauen, ob noch Platz auf deinen Speicherkarten ist, und sie dann einzustecken.

DER AKKU

FLUGPRAXIS

Chemische Kraftwerke

*Verabschiede dich von dem Gedanken, Lithium-*Polymer-Akkus seien im Grunde nichts anderes als die Batterien in deiner Taschenlampe. Sie sind nämlich vor allem deutlich leistungsstärker und müssen daher mit erheblich mehr Sorgfalt behandelt werden.

Einige handelsübliche Akkus verfügen über ein ausgeklügeltes Energiemanagement, das den Ladestand prüft und sogar eine automatische Entladung vornimmt, wenn der Akku eine Weile nicht

benutzt wird – was ein weiterer Grund für sorgfältige Vorabkontrollen ist. Eigenbautüftler kennen hingegen eher die ummantelten Zellen mit positivem und negativem Kontakt sowie einem kleineren Kabel mit einer Verbindung für jede Zelle im Akku.

In jedem Fall ist jedoch die chemische Lebensdauer von Akkus begrenzt. Mit der Zeit können sie sich aufblähen oder anderweitig beschädigt werden. In der Regel sollten sie nach ungefähr 200 Flügen ausgetauscht werden.

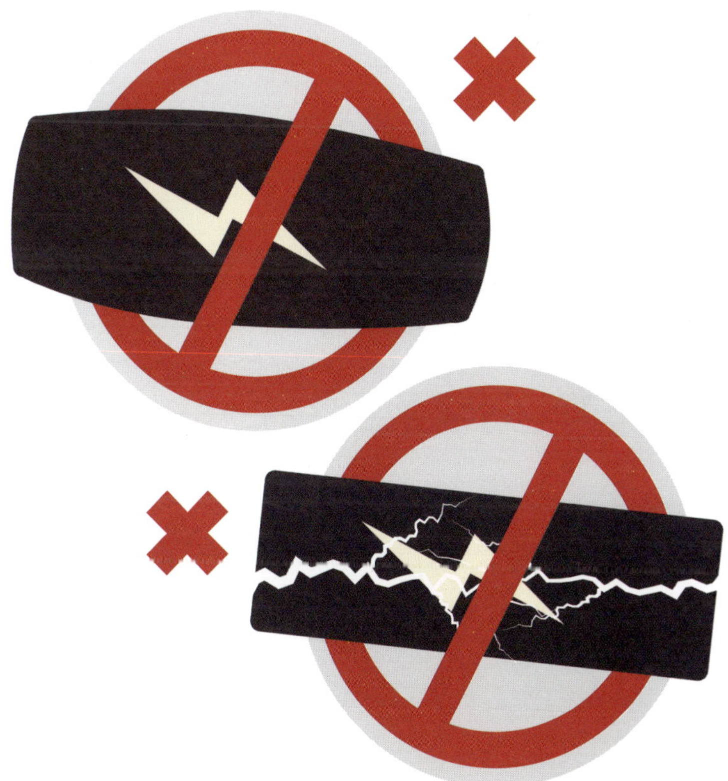

DER OPTIMALE STANDORT

Freie Bahn

Du solltest stets als Erstes sicherstellen, dass der Ort, an dem du die Drohne fliegen lassen möchtest, dafür auch wirklich geeignet ist (siehe Kapitel 5: Sicherheit). Viele Menschen, schlechtes Wetter und Flugplätze in der Nähe gehören beispielsweise zu den Faktoren, die dich vom Fliegen an diesem Ort abhalten sollten. Achte beim Anbringen der Propeller darauf, dass sie unbeschädigt sind und du an die jeweiligen Motoren auch die passenden Propeller montierst.

Als Nächstes musst du sichergehen, dass es keine Funkstörungen gibt. WLAN-Signale bereiten den meisten Coptern Probleme. Zur bestmöglichen Signalübermittlung sollte die Antenne nicht direkt auf den Copter zeigen, sondern seitlich an ihm vorbei. Such dir als Startfeld eine ebene Fläche von mindestens fünf Metern Durchmesser, denn ein Start von einer geneigten Fläche kann die Orientierung des Systems im dreidimensionalen Raum beeinträchtigen. Platziere die Drohne so, dass ihre Front von dir wegzeigt, und trete von ihr zurück.

EIN- UND AUSSCHALTEN

Achtung, nicht gesichert!

Der normale Multicopter hat zwar nicht das Gefährdungspotenzial einer Schusswaffe, doch eine direkte Begegnung mit einem schnell rotierenden Propeller wünscht sich ganz sicher trotzdem niemand.

Die Inbetriebnahme der Drohne sollte ein dreistufiger Vorgang sein. Als Erstes schaltest du die Fernbedienung an und überprüfst, ob sie geladen ist. Bevor du das tust, stellst du sicher, dass die Schalter an ihr sich in Normalposition befinden.

Als Zweites setzt du den Akku in die Drohne ein und betätigst – falls vorhanden – den Aktivierungsschalter. Dann stellst die die Drohne auf den Startplatz und trittst zurück.

Nach einem letzten prüfenden Blick in die Runde bist du bereit für den dritten Schritt: Du schaltest die Drohne ein. Das geht meistens ganz einfach durch kurzes Schieben der beiden Hebel in eine der Ecken. Die Propeller beginnen, sich langsam zu drehen.

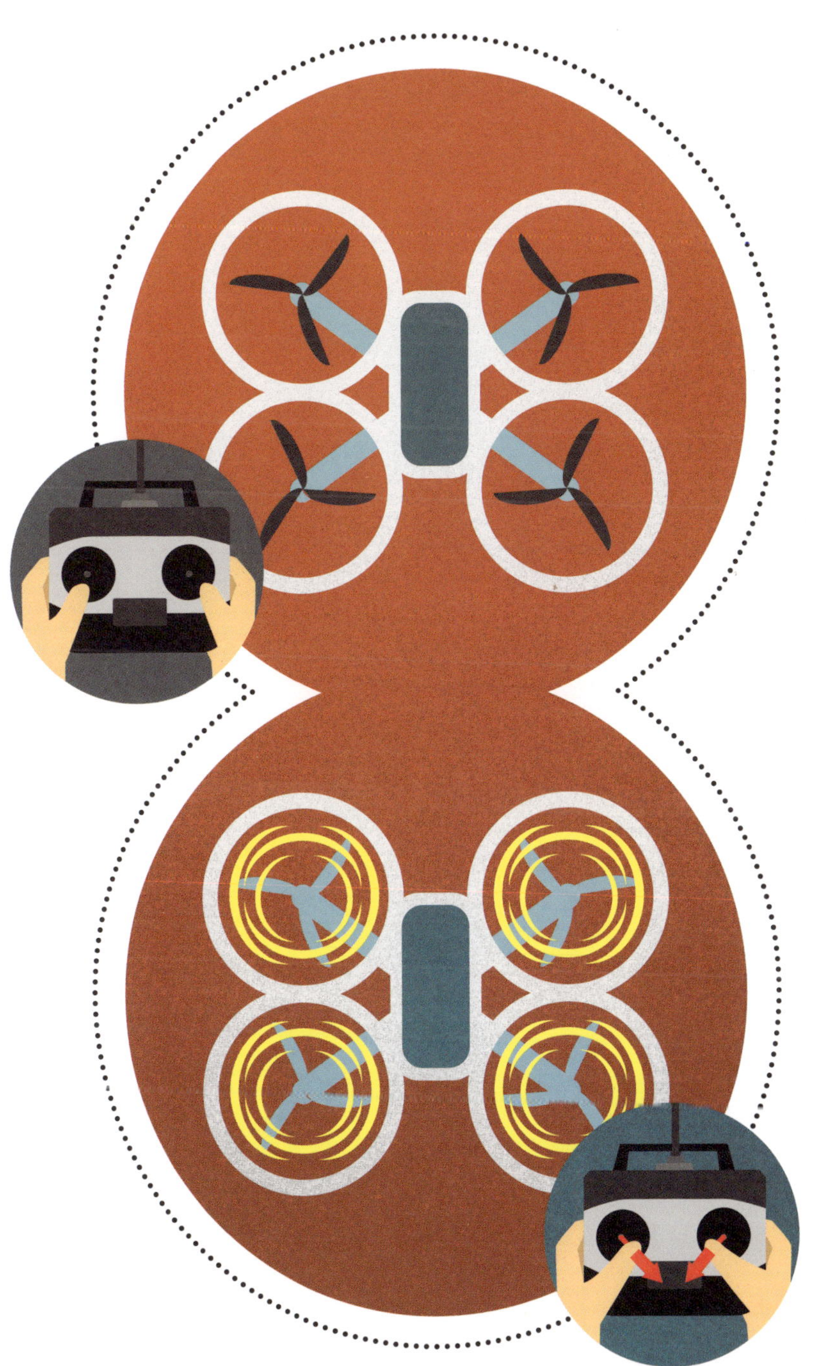

START

Aufsteigen

Ist deine Drohne eingeschaltet, musst du zum Abheben nur den Schub gedrückt halten, bis die Propeller sich schnell genug drehen, um die Schwerkraft zu überwinden.

Aufwendigere Flugsteuerungen werden diesen Punkt auf knapp über 50 Prozent setzen, sodass jede Position des Steuerhebels darüber die Drohne aufsteigen und jede darunter sie sinken lässt. Besonders für unerfahrene Piloten und für die Steuerung von Kameradrohnen ein übersichtliches und hilfreiches Prinzip.

Sobald die Drohne abgehoben hat, ist sie allen Auswirkungen des Flugs ausgesetzt, deshalb solltest du immer die Hände an den Hebeln behalten. Wenn du keinen Bodensensor in Form von optischem Fluss oder Sonar hast, solltest du zügig Höhe gewinnen, um die verwirbelte Luft in Bodennähe zu verlassen, bevor du den Aufstieg verlangsamst und mit Flugbewegungen beginnst. Je mehr Höhe du hast, desto mehr Zeit hast du gegebenenfalls zur Fehlerkorrektur.

DIE POSITION HALTEN

Hierbleiben!

Je weniger rechnergestützt der Modus ist, in dem du fliegst, desto schwieriger ist das Schweben. Um sicher fliegen zu können, ist es aber wichtig, dafür ein Gefühl zu bekommen. Du hast viel mehr Spaß mit deiner Drohne, wenn du sie in der beruhigenden Gewissheit bedienst, sie stets problemlos in der Luft halten zu können.

In den meisten Flugmodi bedeutet die mittlere Position des Schubhebels den Punkt, an dem die Drohne schwebt. Schieb ihn zum Steigen hoch und zum Sinken nach unten.

Manche Neueinsteiger gehen dem Risiko, die Drohne zu verlieren, aus dem Weg, indem sie eine Schnur an ihrem Boden befestigen. Wenn du das Gewicht der Schnur so wählst und sie so an der Drohne anbindest, dass sie nicht in die Propeller geraten kann, ist das zweifellos ein toller Weg, um recht gefahrlos das Schweben auf einem Punkt zu üben.

ZWEI-DIMENSIONAL DENKEN

So hat Captain Kirk auch angefangen

Wenn du die Drohne mühelos in der Luft halten kannst und auch das Schweben meisterst, dann kannt du anfangen, mithilfe des (im Modus 2) rechten Hebels gezielt herumzufliegen.

Der rechte Hebel, der „Steuerknüppel" der herkömmlichen Fernbedienung, schickt die Drohne vorwärts oder rückwärts oder lässt sie mit Querruder in die Richtung fliegen, in die der Hebel bewegt wird, also nach rechts oder links. Dabei weist – wie bei einem Krebs – die „Front" der Drohne stets in dieselbe Richtung, in etwa wie beim „einfachen Modus". Auf diese Weise kannst du die Drohne rund um deine Position bewegen.

IM KREIS

Sich hineinversetzen und mitdenken

Die horizontale Steuerung auf dem linken Hebel, welche die Drohne um ihre Mittelachse dreht, repräsentiert im Modus 2 das Ruder herkömmlicher Modellflugzeuge.

Ihr Einsatz verlangt bewusstes Mitdenken und eine zutreffende Vorstellung von der Position deiner Drohne im Raum. Du musst stets wissen, ob die Drohne, die du kontrollierst, „zu dir hinschaut" oder „von dir wegsieht" – es muss dir also zu jedem Zeitpunkt klar sein, wohin die Front der Drohne gerade weist.

Der beste Weg, das auf kontrollierte Weise zu üben, ist es, ganz bewusst nicht „im Krebsgang" zu fliegen, sondern zu versuchen, auch im Kurvenflug stets die Front der Drohne „nach vorne schauen" zu lassen.

DIE LIEGENDE ACHT

Mehr als zwei Kreise

Wenn du bei gleichmäßiger Höhe saubere Kreise fliegen kannst, solltest du darauf aufbauen. Das Fliegen einer horizontalen Acht scheint auf den ersten Blick kaum etwas anderes zu sein, diese Figur aber exakt auszuführen, ist deutlich anspruchsvoller.

Such dir am Boden zwei Punkte, und umfliege sie in Form einer Acht. Fang zunächst langsam an, und steigere dann das Tempo. Das sichere Beherrschen dieser Figur hilft dir dabei, präzise in Kurven hineinzugehen und aus ihnen herauszukommen, ohne über die gedachte Linie hinauszuschießen. Es ist auch eine sehr gute Übung darin, aus dem Blickwinkel der Drohne anstatt aus deinem eigenen zu denken, denn sie weist ständig abwechselnd zu dir hin und von dir weg.

ORBIT

Die liebste Figur der Filmemacher

Auch hier fliegst du einen Kreis, allerdings soll dabei die Front der Drohne ständig auf den Mittelpunkt des Kreises gerichtet sein. Auf diese Weise könnte die starr ausgerichtete Kamera einer Kameradrohne ohne Teammodus stets das umkreiste Objekt im Blickfeld behalten.

Das heißt, du musst das Drehen (Ruder, im Modus 2 linker Hebel horizontal) und das Kurvenfliegen (Querruder, im Modus 2 rechter Hebel horizontal) präzise aufeinander abstimmen, sodass der Impuls, mit dem du die Drohne im Kreis fliegst, genau jenem entspricht, mit dem du sie um ihre Vertikalachse drehst. Setzt du zu viel Ruder ein, dreht sich die Drohne zu schnell um sich selbst, und ihre Front schaut nicht mehr ins Zentrum. Wenn hingegen die richtunggebende Steuerung „Rollen" zu stark ist, zerfällt die kreisförmige Flugkurve. Ein perfekter Orbitalflug gelingt nur mit völliger Balance.

SALTO

Top Gun

Es gibt Drohnen, die legen mit einem Knopfdruck auf der Fernbedienung einen Salto hin. Das ist sehr beeindruckend, macht aber noch kein Fliegerass aus dir. Manche Drohnen bewältigen diesen Stunt sogar überhaupt nicht, aber man macht mit einem Passagierjet ja auch nicht dasselbe Kunststück wie mit einer Kunstflugmaschine.

Aber wenn dir nach etwas Luftsport ist, dann kannst du deiner Drohne ruhig mal einen Salto gönnen. Gib zuerst kräftig Schub, damit die Drohne Höhe gewinnt, und nimm ihn dann komplett weg. Wenn die Drohne am Scheitelpunkt eben zurückzufallen beginnt, drückst du sie mit einer scharfen Bewegung des rechten Hebels seitwärts. Wenn die Drohne den Überschlag halb hinter sich hat, nimmst du den rechten Stick zurück, gibst Schub und übernimmst wieder die Kontrolle.

Das solltest du besser über einer Grasfläche als über Beton üben!

1

2

3

IM HANGAR

SCHWERPUNKT

Gleichmäßig verteiltes Gewicht, gleichmäßiger Flug

Ob du deine Drohne von Grund auf selbst baust oder eine bestehende modifizierst – es ist auf jeden Fall absolut essenziell, dass ihr Schwerpunkt genau in ihrem Zentrum liegt, also an dem Punkt, um den herum die Propeller angeordnet sind.

Falls das Gewicht nicht ausbalanciert ist, ist auch die Arbeitslast der Motoren ungleichmäßig verteilt. Jedes Ungleichgewicht kann den Motor oder die elektronische Stabilisierung vorzeitig verschleißen, womit du Ausfälle und Abstürze deiner Drohne riskierst.

Das größte Gewicht an Bord ist der Akku, gegebenenfalls kommt noch die Kamera dazu. Bleibt der Akku allein, sollte er so zentral wie möglich platziert sein, ansonsten sollte man sich bemühen, dass die Gewichte von Kamera und Akku sich ausgleichen.

FREQUENZEN

Auf einer Wellenlänge?

Wie beim Fernsehen und Radio oder bei der Mobiltelefonie müssen Funksteuerung (RC) und First Person Video (FPV) einen Teil des Funkfrequenzspektrums belegen, damit sie funktionieren.

Das Funksteuerungssignal an die Drohne liegt normalerweise im 2,4-GHz-Frequenzband, genau wie WLAN. 13 Kanäle innerhalb dieses Frequenzbandes sorgen dafür, dass – solange nicht zu viele konkurrierende Geräte im Spiel sind – mehrere Signale nebeneinander existieren können, ohne sich zu überlagern.

Analoge FPV-Systeme können mehrere Signalbänder benutzen, am häufigsten sind 1,3 GHz, 2,4 GHz oder 5,8 GHz. Höhere Frequenzen haben eine geringere Reichweite, benötigen aber kleinere Antennen. Im 2,4-GHz-Band kann es zu Überlappungen kommen, aber auf den anderen Bändern gibt es nur eine genau definierte begrenzte Anzahl an Kanälen, was wiederum die Anzahl der Piloten einschränkt, die parallel fliegen können. Eine unbegrenzte Zahl von Menschen kann allerdings der Bildübertragung einer Drohne folgen, jeder kann seinen Monitor oder seine Datenbrille auf deren Signal einstellen und so gegebenenfalls dasselbe sehen wie ihr Pilot.

PROPELLER

Die Luft zerteilen

Langjährige Modellflugfans werden sicherlich irgendwann vom „Propeller auswuchten“ reden, deshalb lohnt es sich zu wissen, was es damit auf sich hat. Man will so sicherstellen, dass das Gewicht beider Blätter eines Rotors absolut präzise ausgeglichen ist, um Vibrationen zu minimieren. Letzteres ist für alle Drohnen nützlich und für die Qualität von Fotos und Filmen sogar von entscheidender Bedeutung. Man versucht es zu erreichen, indem man das leichtere Rotorblatt etwas beschwert – normalerweise mit einem Stück Klebeband.

Einige bärbeißige Rennpiloten werden den Zweck dieser Maßnahme kategorisch in Zweifel ziehen, andere meinen, ein Fliegen ohne diesen Eingriff sei praktisch nicht möglich. Die Wahrheit liegt wahrscheinlich irgendwo in der Mitte. Um festzustellen, wie gut deine Rotoren ausgewuchtet sind, kannst du sie abnehmen und in einen sogenannten Prop Balancer einspannen. Diese recht günstigen Vorrichtungen halten einen Propeller mittels Magneten reibungsfrei fest. Du kannst auf diese Weise schauen, ob der Propeller aus der Waagerechten kippt. Wenn du korrigieren willst, klebe das Stückchen Klebeband immer auf die Rückseite des Rotorblatts, damit auf der Vorderseite der Luftstrom nicht von dem Klebestreifen verwirbelt wird.

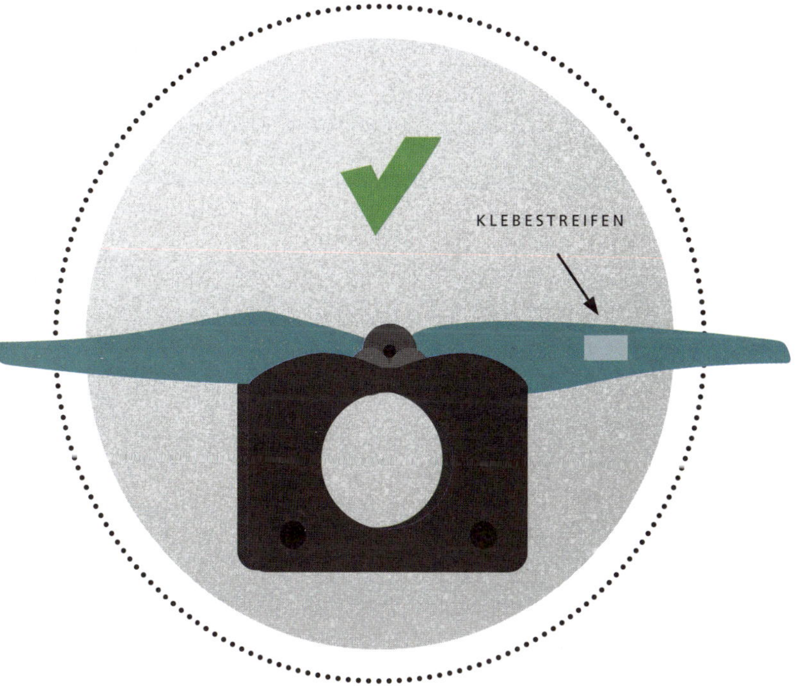

PROPELLER-SCHUTZ

Auf Nummer sicher gehen

Wenn du dich mit deiner neuen Drohne vertraut machst oder in geschlossenen Räumen fliegst, wäre es sicher hilfreich, wenn nicht ausgerechnet die scharfen, spitzen und schnell rotierenden Propellerblätter am weitesten nach außen herausragen würden. Damit stößt du beim Fliegen am ehesten irgendwo an. Die Lösung sind Propellerschutzvorrichtungen, mit denen viele Drohnen schon beim Kauf ausgestattet sind, die es aber auch zum Nachrüsten gibt.

Weil sie Zusatzgewicht bedeuten und Angriffsfläche für den Wind bieten, sind trotzdem nicht alle Copter von Anfang an damit ausgestattet. Beim Fliegen in geschlossenen Räumen spielt der Wind aber ohnehin keine Rolle.

TRIMMEN

Nicht vom Kurs abtreiben

Selbst die einfachsten Drohnen haben in der Regel neben den Steuerhebeln noch einige Elemente zusätzlich auf der Fernbedienung.

Mit diesen Trimmungskontrollen kannst du das Seitwärtsdriften korrigieren, das vom Wind oder nicht völlig perfekt arbeitenden Sensoren verursacht wird. Wenn die Drohne in eine Richtung wegtreibt, drückst oder bewegst du den horizontalen Trimmungsregler unter dem rechten Hebel in die entgegengesetzte Richtung, bis die Drohne nicht weiter abdriftet.

Bei komplexeren Fernsteuerungen kann die Trimmung Teil des Menüs sein, und bei Drohnen der neuesten Generation kannst du die Trimmung in der Software der Flugsteuerung anpassen.

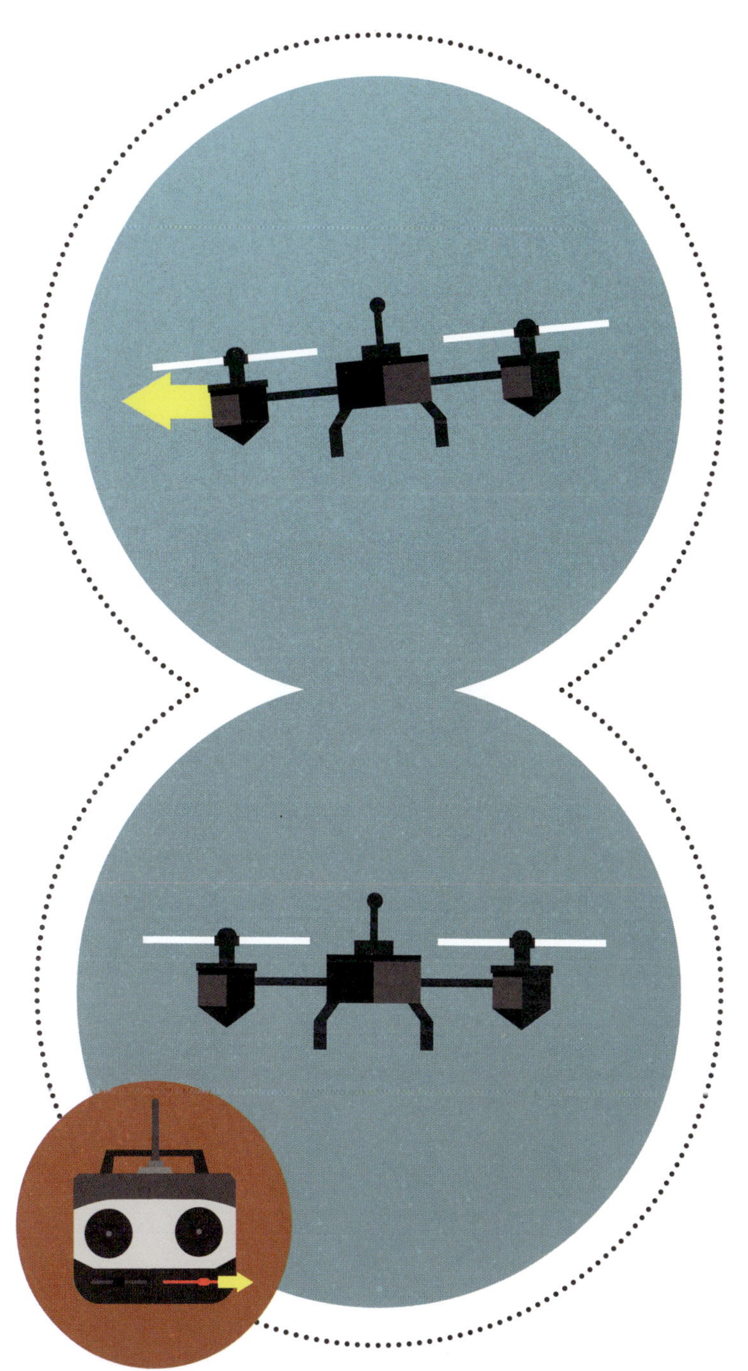

GIMBALS

Fliegende Stative

Für das Mitführen von Kameras an Drohnen bieten sich zwei Lösungen an: Man kann sie am Gestellrahmen befestigen und hoffen, dass die Vibrationen keine Auswirkungen auf die Aufnahmen haben, oder man kann eine motorisierte kardanische Aufhängung, ein sogenanntes Gimbal, verwenden, um sowohl Vibrationen als auch scharfe Bewegungen auszugleichen.

Gimbals arbeiten mit zwei Motoren (Schwenk nach oben und unten sowie rollen) oder sogar drei (zusätzlich nach links oder rechts schwenken), um Vibrationen und den Neigungswinkel der Drohne zu kompensieren. Der dritte Motor wird normalerweise dazu verwendet, um für flüssigere Aufnahmen abrupte Links- oder Rechtsschwenks abzumildern.

Zusätzlich kannst du zumeist die Kamera per Fernbedienung über einen zusätzlichen Regler steuern, besonders wenn du sie auf und ab schwenken willst. Gimbals sind sehr fein austarierte Geräte, die zumeist speziell für eine bestimmte Kamera gebaut sind. Je größer und schwerer die Kamera ist, desto teurer wird das Gimbal. Bevor man zu sehr exklusiven Kameras greift, sollte man wissen, dass für weit verbreitete Geräte, wie zum Beispiel von der Firma GoPro, das Angebot relativ groß ist.

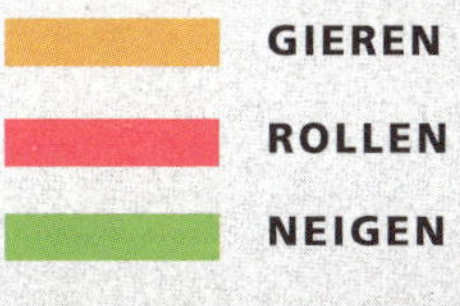
GIEREN
ROLLEN
NEIGEN

FEINTUNING

Motoroptimierung

Ein Multicopter behält seine Stabilität in der Luft, indem er unablässig die Drehzahl der Rotoren adjustiert. Die Häufigkeit, Geschwindigkeit und Intensität dieser Anpassungen haben Einfluss auf die Flugeigenschaften – ob knackig oder schwammig, ruhig oder sprunghaft.

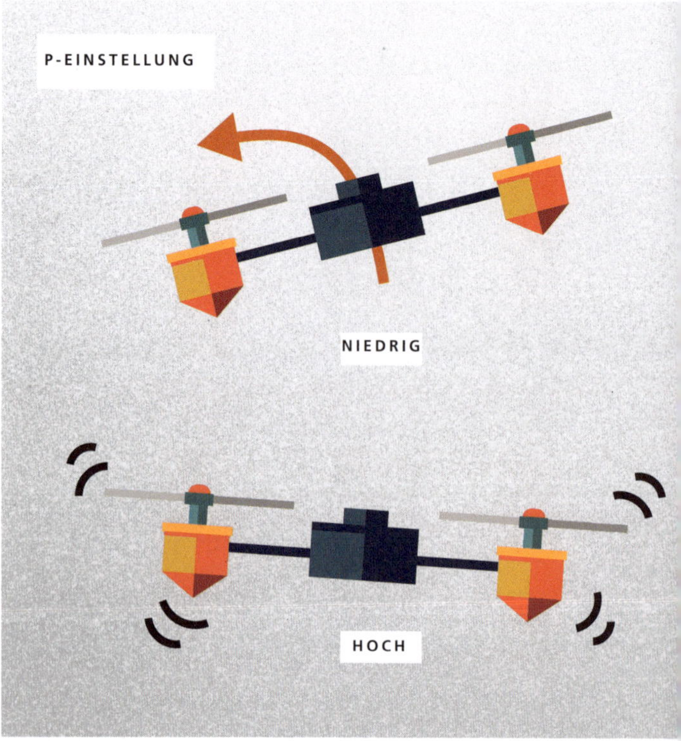

P-EINSTELLUNG

NIEDRIG

HOCH

Abgeleitet von den Begriffen „proportional, integral, derivative" sprechen die Ingenieure hier von PID. Am besten solltest du zuerst alle drei Werte auf „down" setzen, dann P erhöhen, bis eine Vibration auftritt: Bei niedrigem P-Wert driftet die Drohne, bei hohem hüpft sie. Regel jetzt I hoch, bis die Drohne für einige Sekunden erzittert, und nimm dann den Wert wieder etwas zurück. Als Letztes drehst du D hoch, um dem vorherigen Effekt entgegenzusteuern. Der Copter sollte nun stabil in der Luft liegen.

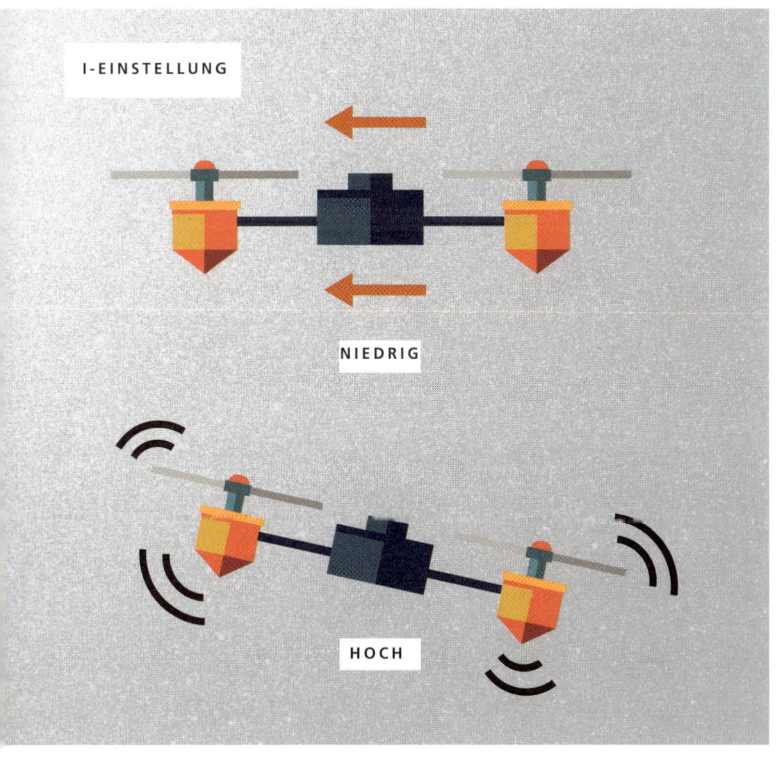

OPTISCHER FLUSS

Elektronische Augen

Drohnen können fliegen und dabei zuverlässig vorgegebenen Wegen folgen, gegebenenfalls können sie sogar Bilder aufnehmen. Die nächste große Aufgabe, die sie meistern sollen, ist die selbsttätige Vermeidung von Kollisionen – die Technologien dafür gibt es bereits.

Viele Multicopter besitzen inzwischen nach unten gerichtete Ultraschallsensoren, die den Abstand zum Boden erfassen können, damit sie eine Mindesthöhe einhalten, ohne abzustürzen, oder damit ein Landegestell ausfährt.

Außerdem registrieren spezielle intergrierte Kameras den „optischen Fluss". Sie beobachten den Boden, um die eigene Bewegung falls nötig an die Bodenformation anzupassen. Wenn der Untergrund nicht enorm gleichmäßig und merkmalsarm ist – was die Kamera verwirren kann –, sorgt beim Fliegen in geschlossenen Räumen der optische Fluss dafür, dass der Copter stabil schweben kann. Diese Funktion übernimmt bei Drohnen im Freien in der Regel noch das GPS.

Immer mehr Detektionstechnologien finden inzwischen auch in Drohnen Anwendung, was sie sehr bald in die Lage versetzen sollte, auch Hindernissen auf ihrer direkten Flugbahn ausweichen zu können. In Kürze dürften selbst Bäume für Drohnen kein Problem mehr darstellen.

ULTRASCHALL
OPTISCHER FLUSS

?

4

IM EINSATZ

LUFT-AUFNAHMEN

Die Freuden des Grundbesitzes

Für gelungene professionelle Luftaufnahmen oder auch nur Bilder, die du zum Spaß aufnimmst, benötigt deine Drohne eine Kamera. Eventuell ist auch ein Bildbearbeitungsprogramm, wie zum Beispiel Photoshop, notwendig, um die Aufnahmen sinnvoll aufzubereiten.

Die Bildqualität ist normalerweise höher, wenn du kurz nach Sonnenaufgang oder in den letzten Stunden vor Sonnenuntergang losziehst. Die Sonne steht dann tiefer am Himmel, das Licht hat häufig einen warmen, goldenen Ton, und die Schatten geben dem Bild Schärfe und Struktur.

Versuche, auch mit einer fliegenden Kamera die Gesetze der Komposition zu beachten. Wenn dein Motiv das Haus ist, sollte es das Bild fast komplett ausfüllen. Soll das gesamte Grundstück inklusive Garten von der Kamera aufgenommen werden, musst du wahrscheinlich eine größere Höhe und Distanz einnehmen.

VIDEOS

Atemberaubende Szenerien

Fernseh- und Filmemacher erlagen schnell der Verführungskraft der Luftaufnahmen, und heute kommt praktisch keine Dokumentation oder TV-Show mehr ohne Drohnensequenzen aus, die inzwischen sogar für Studierende an Filmhochschulen erschwinglich sind.

Wenn man dich um Luftaufnahmen bittet, so achte darauf, dass du genau weißt, was gebraucht wird. Ob für eine Dokumentation oder einen Spielfilm, Drohnenaufnahmen verlangen das ganze handwerkliche Geschick von Kameraleuten. Dieses können sie zum Beispiel in einer Weitwinkelaufnahme von der Umgebung unter Beweis stellen, in der die anschließende Handlung stattfindet. Die Drohne soll sich langsam und sanft bewegen und eventuell am Schluss der Einstellung das Zentrum der Szene erreicht haben.

Geschichtenerzähler erwarten vielleicht, dass du einem Menschen folgst. In solchen wie in anderen Fällen sollten deine Luftbilder stets mit den Aufnahmen der Bodenkameras abgestimmt sein.

Achte auf jeden Fall darauf, dass alle, die am Set sind, darüber Bescheid wissen, was los ist und was sie zu tun haben. Lass dich niemals bei dem, was du tust, unter Druck setzen, die letzte Entscheidung sollte immer bei dir liegen – du bist schließlich der Pilot!

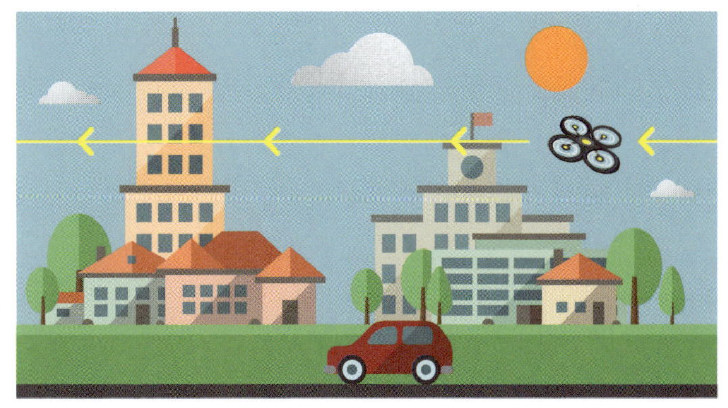

DROHNIE

Wer braucht schon einen Selfie-Stick?

Der @dronie-Feed auf Twitter mag nach der ersten, von Patrick Stewart (Captain Picard) befeuerten Begeisterung an Popularität verloren haben, aber das Drohnie ist nach wie vor eine tolle Sache, um einem Selfie etwas mehr Perspektive zu verleihen. Ein solches Drohnie wird auch prima ergänzt von Instantshare-Diensten für Videos, wie zum Beispiel Instagram.

Die Technik dahinter ist ganz einfach: Lass die Drohne abheben, und dreh sie so, dass sie dich ansieht. Beginne mit der Aufnahme, interagiere mit der Kamera, zum Beispiel indem du winkst, und schick dann den Copter mit viel Schub rückwärts – schon bist du nur noch ein winziger Punkt in der Ferne.

VORSICHT

Pass auf, dass du am Ende auch wirklich rückwärts fliegst. Wenn die Front der Drohne einem zugewandt ist, kommt man leicht durcheinander …

DIE FOLLOW-ME-FUNKTION

Ein elektronischer Engel über dir

Mit einer Drohnenkamera einem bewegten Objekt zu folgen ist nicht leicht. Das musst du üben. Aber andererseits haben viele Drohnen bereits einen „Follow-me"-Modus, bei dem das GPS deines Handys oder eine spezielle Armbanduhr deinem Kameracopter das Ziel vorgibt.

Die Follow-me-Funktion ist tatsächlich so einfach, wie die Hersteller behaupten. Die größte Gefahr bei ihrer Anwendung besteht darin, dass du aus der Reichweite der Drohne gerätst oder im Eifer des Gefechts vergisst, dass sie dir überhaupt folgt. Die Funktion ist eindeutig eher was fürs Skateboarden als für Rennen jeglicher Art.

Du solltest auch die begrenzte Funktionsdauer des Akkus nicht vergessen. Denk auch daran, dass die meisten Drohnen noch keine Antikollisionssensoren haben, also leite die Drohne nicht in Bäume oder Stromleitungen.

VORSICHT

Lass dich nicht von einer Drohne verfolgen, während du in einem Auto durch den Straßenverkehr fährst. Das ist nicht sicher, und Autos sind ohnehin in der Regel zu schnell.

AUSLIEFERUNG

Was die Leute über Drohnen wissen

Bestimmt glauben deine Freunde weder, dass du deine Drohne für ferngesteuerte Überfälle benutzt, noch, dass du deine Nachbarn damit ausspionierst oder Passagierflugzeuge vom Himmel holst. Aber – und dafür kannst du dich bei Jeff Bezos von Amazon bedanken – sie werden dich ganz bestimmt irgendwann nach der Paketzustellung per Drohne fragen. Du kannst antworten, dass alles, was Amazons Drohnenprogramm bislang geliefert hat, Pressemitteilungen waren.

Die Menge an Energie, die zum Transport von Waren von nennenswertem Gewicht durch elektronische Copter benötigt wird, macht eine Auslieferung per Multicopter momentan noch kaum praktikabel. Die Probleme des Fluges ohne Sichtkontakt sind dabei noch gar nicht berücksichtigt. Es werden aber Fortschritte erzielt.

Man darf wohl davon ausgehen, dass in Zukunft autonome Fluggeräte auf vorgegebenen Flugstrecken zu Landepads fliegen werden, doch noch stehen dem viele Hindernisse entgegen. Möglicherweise wird ein solcher autonomer Luftverkehr mit der Versorgung abgelegener Orte, wie etwa Ölbohrplattformen, beginnen.

FLASHMOB MIT DROHNEN

Formationsflüge

Die Leistung des Ars Electronica Futurelabs in Österreich begeistert Technikfreaks. Das dortige Team hat helle LED-Lichter an einem Schwarm von 50 Quadrocoptern befestigt, die alle von einem einzigen Computer gesteuert werden. Der bislang vielleicht beeindruckendste Auftritt dieser „Space Pixels“ oder „Spaxels“ genannten Gruppe war es, anlässlich der Premiere von *Star Trek Into Darkness* in London das Logo der Sternenflotte über der Themse schweben zu lassen.

Ambitionierte Programmierer-Choreografen haben inzwischen diverse Software-Angebote entwickelt, die auf GPS oder anderen in den jeweiligen Coptern verwendeten Systemen basieren. Immer häufiger gibt es bei entsprechenden Messen und Verkaufsausstellungen beeindruckende Vorführungen. Schau also bei Interesse mal in das Programm des nächstgelegenen Messezentrums!

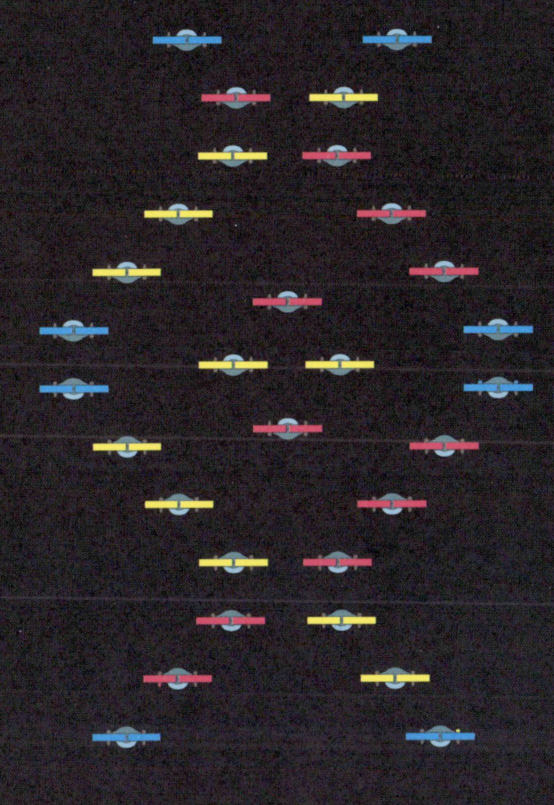

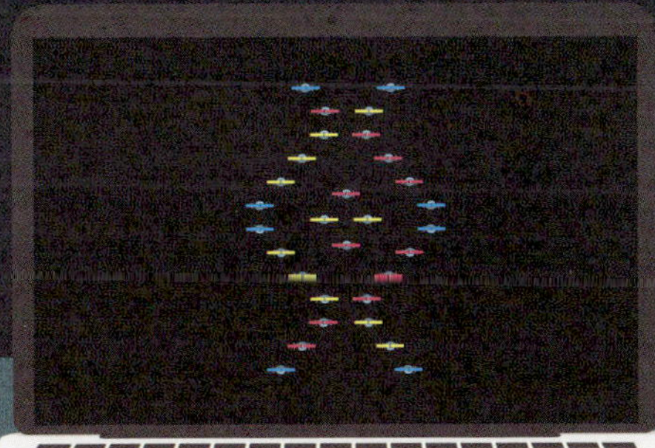

RENNEN FLIEGEN

Eine höllisch gute Rennstrecke einrichten

Mit Rennen kann man das Hobby Drohnenfliegen in ein echtes Wettkampferlebnis verwandeln, irgendwo zwischen *Top Gun* und dem Podrennen in *Star Wars.* Man braucht allerdings eine geeignete Rennstrecke.

Dafür sind mehr oder weniger große, leichte, tragbare und sichere Gegenstände notwendig, die als Tore dienen, durch die geflogen werden soll. Die Tore sollen – vor allem am Anfang – nicht zu eng und vor allem stabil sein. Da heutzutage

in den Zauberläden kaum noch Quidditch-Reifen zu bekommen sind, baust du die Tore am besten aus Poolnudeln. Die kannst du zu größeren Bögen formen.

Am Boden sollte die Rennstrecke mit Pfeilmatten markiert sein, die es in Drohnengeschäften gibt. Besonders durch FPV-Brillen ist der Streckenverlauf so leichter zu verfolgen. Auch eine große Startmatte ist sehr nützlich. Mit Zeltheringen befestigt bleiben die Matten auch im Luftstrom dicht darüberfliegender Multicopter liegen.

Der Kurs sollte genügend Abstand zu Straßen und Gebäuden haben, und er muss gar nicht besonders lang und torreich sein. Die größte Unterhaltung werden Piloten und ihre Drohnen bieten, die nach wilden Flugmanövern wieder versuchen, auf Kurs zu kommen.

RENNEN VERANSTALTEN

Organisiere den Spaß für andere!

Wenn du einen erstklassigen Rennkurs gebaut hast, ist die Aufgabe noch nicht erledigt. Du musst auch nachvollziehbare Regeln festlegen, sodass jeder Teilnehmer eine faire Chance hat. Gegebenenfalls müssen Bewertungskriterien aufgestellt werden, damit man auch sicher weiß, wer gewonnen hat. Renncopter-Piloten sind im Allgemeinen keine Regelfetischisten, sie würden sonst wohl eher Unkraut jäten oder das Auto waschen, anstatt ihre Copter durch die Luft zischen zu lassen. Da ist dein Eingreifen nötig.

Die Anzahl der Frequenzen vor allem für FPV ist begrenzt. Wenn viele Piloten am Wettbewerb teilnehmen wollen, muss Ordnung in Form eines Zeitplans geschaffen werden. Jeder, der gerade nicht fliegt, sollte abschalten, und die, die fliegen, sollten einschalten und auf Störungen prüfen. Wenn du das als sinnvoll erachtest, kannst du sogar im Vorfeld Funkkanäle zuweisen. Dann stellen alle Piloten eines Renndurchgangs ihre Copter auf die Startmatte – und los geht's.

Bei gestaffelten Starts ist es notwendig oder zumindest sinnvoll, die jeweiligen Flugzeiten aller Teilnehmer zu stoppen. Du kannst die Zeitmessung entweder bei einem Startsignal oder beim

Passieren des ersten Tores starten, wobei Letzteres Piloten zugute kommt, die mit dem schnellen Abheben Probleme haben. Du kannst mehrere Durchgänge fliegen lassen, wobei dann die kürzeste kumulierte Zeit den Tagessieg bedeutet.

SUCHEN UND RETTEN

Das Auge am Himmel

Die Vogelperspektive kann bei der Suche nach vermissten Personen ein wahrer Segen sein, und ein unbemannter Quadrocopter ist eine hervorragende und vergleichsweise preisgünstige Möglichkeit, sie zu nutzen. Copter sind auch für andere Zwecke der Luftüberwachung nützlich und wurden bereits von der Polizei in Großbritannien und Indien eingesetzt. In Deutschland verwendet die Deutsche Bahn sie zur Überwachung im Kampf gegen Graffiti-Sprayer, und in den USA kommen sogar Drohnen der militärischen Predator-Klasse bei der Luftüberwachung zum Einsatz.

UAV-Piloten, die ihre Unterstützung anbieten wollen, können sich bei sardrones.org eintragen, womit sie sich verpflichten, falls nötig freiwillig bei der Suche nach Vermissten zu helfen.

VORSICHT

Versichere dich im Vorfeld, dass den Behörden deine Hilfe auch tatsächlich willkommen ist. Behindere keinesfalls Einsätze von Rettungshubschraubern.

LANDKARTEN

Vom Himmel aus ein Bild erstellen

Falls du jemals mit einem Programm zur Bildbearbeitung, wie Photoshop, mehrere Fotos zu einem Panoramabild zusammengesetzt hast, verfügst du schon über das Know-How, um dir selbst eine Luftbildkarte herzustellen.

Am einfachsten ist es, bordeigene Flugplanungswerkzeuge zu benutzen, den Copter damit über einem Gebiet auf und ab fliegen zu lassen und dabei fortwährend Fotos zu machen. Einige Drohnen können sogar dahingehend

programmiert werden, zur Kartierung geeignete Fotoserien zu schießen. Wenn deine Drohne diese Funktion nicht hat, dann lautet das Prinzip: je mehr Fotos, desto besser.

Hast du deine Bilder schließlich alle beisammen, öffnest du in Photoshop den Ordner in „Photomerge" – am besten sollte das Arbeiten mit der Funktion „Repositionieren" gehen.

3-D-KARTEN

Bilder mit zusätzlichen Informationen

Ein einfaches Luftbild hat zwar viel Schönes, ist aber irgendwie ein bisschen 20. Jahrhundert. Wenn du während eines Flugs viele Fotos aufnimmst und diese mit den Informationen über Kamerawinkel und -position verknüpfst, die als Daten mitaufgezeichnet werden – „EXIF" genannt –, dann hast du genug Material, um eine 3-D-Karte zu erstellen.

Die 3-D-Kartierung erfordert jedoch eine leistungsstarke Software. Wenn du selbst darüber nicht verfügst, kannst du zum Beispiel die Internetseite mapsmadeeasy.com nutzen, einen genialen Dienst, der es dir erlaubt, die Bilder, die du mit deinem Fluggerät gesammelt hast, zur Verarbeitung hochzuladen. User können neue Karten als Ebenen hinzufügen und so den im Laufe der Zeit erzielten Fortschritt bewundern, was zum Beispiel auch Landvermessern und Landwirten zugute kommt.

Wenn du lieber Software nutzt, die du auf deinem eigenen System hast, dann schau dir mal Pix4D an.

AUTONOMES FLIEGEN

Planung und Ausführung eines GPS-Autopilotflugs

Es hat etwas Faszinierendes, einige Stellen auf einer elektronischen Karte anzutippen und die Drohne so selbsttätig von einem Wegpunkt zum nächsten fliegen zu lassen. Es ist aber wichtig, dass du dir stets klar machst, dass die Drohne nicht auf der flachen Karte, sondern im dreidimensionalen Raum unterwegs ist. Die „Punkte“, die du setzt, sind in der Realität virtuelle Sphären, unsichtbare kugelförmige Räume. Sobald die Drohne eine Sphäre erreicht hat, bewegt sie sich von dort zur nächsten. Das bedeutet, dass du jede Sphäre so platzieren musst, dass selbst ihre Unterseite weit genug von allen denkbaren Hindernissen entfernt ist. Besonderes Augenmerk solltest du auf Stromleitungen haben, die auf den meisten digitalen Karten nur schwer zu erkennen sind.

Natürlich muss die Drohne auch bei einem Autopilotflug stets in deinem Sichtfeld bleiben, damit du jederzeit die Möglichkeit hast, auf manuelle Steuerung umzuschalten!

VORSICHT

Stell im Vorfeld absolut sicher, dass die Akkuladung für die Flugroute ausreichend ist. Ich habe beim autonomen Fliegen eine Drohne im Meer verloren!

SICHER-
HEIT

WO DARF ICH FLIEGEN?

Die Abstandsregel

Wenn du keine Probleme kriegen willst, solltest du nicht nur zu Gegenständen einen sicheren Abstand wahren, sondern ganz besonders auch zu anderen Menschen – nicht jeder muss deine Begeisterung für Drohnen teilen. Du solltest den Copter in sicherer Distanz von Straßen, Tieren und anderen Menschen und weit entfernt von jeglichem bebautem Gebiet halten, das versteht sich von selbst. Manche Länder haben hier allerdings konkrete Vorgaben. Im Bild auf der rechten Seite werden die 50 Meter angezeigt, welche die zivile Luftfahrtbehörde in Großbritannien vorschreibt, wo ich fliege. In Deutschland gilt ein Mindestabstand von 100 Metern zu sogenannten sensiblen Bereichen, dazu gehören: Einsatzorte von Polizei und Rettungskräften, Menschenansammlungen, Naturschutzgebiete, Bundesautobahnen und stark befahrene Verkehrswege und natürlich Flugplätze.

Es versteht sich von selbst, dass auch das Fliegen über den genannten Bereichen untersagt ist. Zu diesen Gebieten gehören in Deutschland auch Industrieanlagen und Bundes- sowie Landesbehörden.

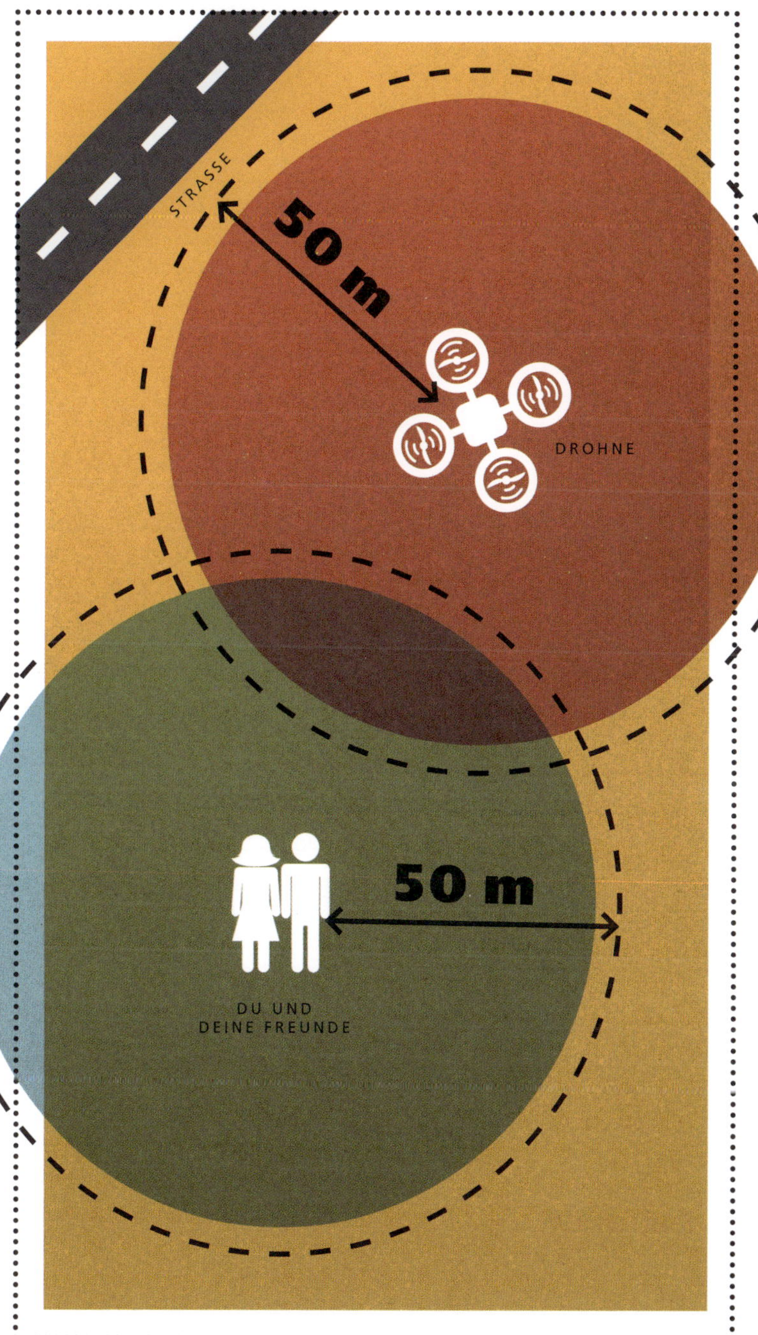
STRASSE
50 m
DROHNE
50 m
DU UND
DEINE FREUNDE

WIND

Schwierige Windbedingungen

Wenn die Windstärke mehr als die Hälfte der Höchstgeschwindkeit deines Copters beträgt, ist das Fliegen nicht mehr sicher. Im Grunde solltest du nur bei deutlich schwächerem Wind fliegen, denn du musst auch mit erheblich kräftigeren Böen rechnen.

Hobbydrohnen haben meist Höchstgeschwindigkeiten von 10 bis 15 Metern pro Sekunde, also knapp 50 km/h. Das bezieht sich aber auf eine recht theoretische aggressive Renngeschwindigkeit, bei normalem Betrieb wird also das höchste horizontale Tempo etwas darunterliegen.

Das bedeutet, dass Gegenwind mit der Stärke von 15 bis 25 km/h bereits ausreicht, um deine Drohne auf die halbe Geschwindigkeit abzubremsen. Als Rückenwind lässt er sie so schnell davonschießen wie ein Auto!

0
km/h

10
km/h

15
km/h

30
km/h

50
km/h

TIERE

Vierbeiner unbedingt vor Drohnen schützen!

Insbesondere scharfe Karbonfaserrotorblätter können üble Verletzungen hervorrufen. Online gestellte Bilder von sorglosen Piloten in der Notaufnahme sprechen eine sehr drastische Sprache!

Allerdings sind diese Menschen das Risiko mehr oder weniger bewusst eingegangen. Tiere hingegen begreifen die Gefahr nicht, die von Drohnen ausgeht. Hunde rennen nicht selten auf sie zu und springen zu ihnen hoch. Gerät die Drohne dann in ihre Reichweite, können die Propeller eine Menge Schaden anrichten.

Man sollte einem Wildtier keine Schmerzen zufügen, und bei Haustieren sind darüber hinaus noch zusätzlich die Halter betroffen, die verständlicherweise für eine Verletzung ihres Lieblings durch eine Drohne keinerlei Verständnis aufbringen werden!

SICHERHEIT

VOGELSCHLAG

Kein Mitglied des Schwarms

Auch wenn sie sich mit ihnen den Luftraum teilt, ist deine Drohne doch kein Vogel. Geraten Drohnen und Vögel aneinander, kann das für beide Seiten sehr übel ausgehen. Die Gefahr wird durch den Umstand verstärkt, dass Vögel sogar vor recht großen Coptern nur selten Respekt haben. Man sollte meinen, dass sie instinktiv Abstand zu dem surrenden, unnatürlichen Monster bewahren, doch besonders etwas größere Vögel, wie zum Beispiel Möwen, kommen Drohnen beunruhigend nahe.

Was sie dazu bewegt, ist schwer zu sagen, aber es bedeutet Gefahr. Trifft ein Propeller einen Vogel, kann er nicht nur ein unschuldiges Tier verletzen, sondern er wird ziemlich sicher auch beschädigt, sodass die Drohne abstürzt. Die Propeller haben übrigens genug Kraft, um selbst einem kräftigen Greifvogel den Flügel zu brechen, was recht wahrscheinlich den Tod des Tieres nach sich zieht.

Wenn du siehst, dass sich Vögel für deine Drohne interessieren, dann verschwinde einfach auf der Stelle mitsamt der Drohne.

KOLLISION MIT EINEM FLUGZEUG

Weil die Leute dauernd fragen …

Ein in den Medien immer wieder auftauchendes Alptraumszenario beginnt stets mit dem Eintauchen eines Multicopters in eine Flugzeugturbine. Die beschriebenen Folgen sind verheerend. Zwar haben die Drohnenhersteller inzwischen viel getan, um dieses Risiko zu minimieren, indem zum Beispiel manche Drohnen noch nicht einmal mehr abheben, wenn sie die Nähe eines Flugplatzes registrieren, aber Journalisten beschreiben ein solches Horrorszenario nach wie vor in den Medien.

Düsentriebwerke von Flugzeugen werden im Testbetrieb immer wieder absichtlich mit unterschiedlichsten Fremdkörpern konfrontiert. Die Turbinenflügel schreddern problemlos Vögel mit einem Gewicht von bis zu drei Kilogramm, was deutlich mehr ist, als die allermeisten Drohnen wiegen. Die Hagelkörner bei den Tests sind härter als Akkus, und ein Triebwerk kann 700 Kilogramm Hagel in 30 Sekunden aushalten. Die Ingenieure, mit denen ich sprach, sind der Ansicht, eine durchschnittliche Drohne würde einfach in Schnipseln hinten aus der Turbine ausgespuckt, und der Jet würde weiterfliegen. Turbinengondeln sind so konstruiert, dass sie im schlimmsten Fall die Energie des Zerstörungsvorgangs in ihrem Innern weitgehend absorbieren. Selbst wenn die Turbine dann ausgefallen ist, verfügt der Jet noch über mindestens ein weiteres Triebwerk.

BEHÖRDEN

Gesetzliche Regelungen

Da Drohnen Luftfahrzeuge sind, fällt die Regulierung ihres Betriebs in die Zuständigkeit der jeweiligen Luftfahrtbehörde, in Deutschland ist dies das Luftfahrt-Bundesamt, in Österreich die Austro Control und in der Schweiz das Bundesamt für Zivilluftfahrt.

Immerhin genießt du als Drohnenpilot wenigstens den Vorteil, dass du – wenn du nicht gerade direkt über einer Grenze fliegst – während eines Flugs durchgängig im Geltungsbereich einer einzigen Luftfahrtbehörde bleibst.

Diese Art von Behörden hat ihre Tätigkeit auf Flugzeuge ausgerichtet, und die Beschäftigung mit Drohnen stellt sie teilweise vor Probleme. In manchen Ländern wurden erst Vorschriften für Hobbydrohnen festgelegt, als andere Länder bereits einige Zeit Regelungen für Drohnen mit einem Gewicht von unter 20 Kilogramm hatten.

Generell ist es neben dem Erlassen neuer Sicherheitsvorschriften auch die Aufgabe dieser Ämter, Menschen rechtlich zu verfolgen, welche diese Vorschriften nicht beachten.

LUFTRAUM

Verbotenes Gebiet

Die Nutzung des Luftraums ist in den meisten Ländern recht stark reglementiert, vor allem in der Nähe von Flugplätzen. Detaillierte Regelungen findest du in den Vorschriften des deutschen Luftfahrt-Bundesamtes, der österreichischen Austro Control und des schweizerischen Bundesamtes für Zivilluftfahrt.

Zu den permanenten Flugverbotszonen in der Nähe von Flugplätzen und anderen Einrichtungen (siehe Seite 120) können noch zeitweise Einschränkungen oder Verbote bei Veranstaltungen kommen, wie zum Beispiel bei Heißluftballontreffen. In Deutschland dürfen Drohnen ohne eine Ausnahmeerlaubnis der Landesluftfahrtbehörden nicht höher als 100 Meter fliegen.

Die Drohnen einiger Hersteller kennen bereits manche Flugverbotszonen und helfen dir mit GPS, gar nicht erst hineinzugeraten. Ein Übertreten der Vorschriften ist dadurch aber nicht völlig ausgeschlossen.

Du gehst auf Nummer sicher, wenn du im Vorfeld Flugkartenseiten konsultierst. Für den deutschen Luftraum gibt es hier zum Beispiel Map2fly, für Österreich die OAMTC Drohnen-App und für die Schweiz die Karten von Swiss Map Mobile.

H

RECHTLICHE HAFTUNG

Du gehst in den Knast, andere in die Notaufnahme

Drohnen sind ebenso legal wie Autos, aber genauso wie mit Autos kannst du bei ihrer Nutzung Gesetze verletzen. Die Rechtsprechung unterscheidet strafrechtliche Verfahren, die im weitesten Sinne vom Staat aufgrund von strafbarem Fehlverhalten angestrengt werden, und zivilrechtliche Fälle, bei denen Personen oder Körperschaften um ihr Recht streiten.

Stell dir vor, dass auf einer belebten Straße ein Lkw-Fahrer versucht, der Drohne eines sorglosen Piloten auszuweichen. Dabei stellt der Lkw sich im fließenden Verkehr quer. Einige andere Autos können nicht mehr ausweichen, nicht alle Insassen überleben die Kollision. Der Bruch der Luftfahrtvorschriften, die der Drohnenpilot begangen hat, hat zu einer Straftat geführt. Gegen ihn wird nun strafrechtlich unter der Anklage der fahrlässigen Tötung ermittelt, die mit vielen Jahren Gefängnis bestraft werden kann. Darüber hinaus haftet der Pilot zivilrechtlich für den immensen Schaden, den er verursacht hat. Neben den Kosten der zerstörten Fahrzeuge und der Fracht des Lkw schlägt hier auch der Wert zu Buche, den die Gerichte dem Leben und der Gesundheit von Menschen beimessen. Pass also auf, dass dir so etwas niemals passiert!

GEWERBLICHE DROHNEN

Auf dem Markt herrschen Regeln

Der Einsatz von Multicoptern in der Freizeit ist durch einige recht vernünftige Regelungen beschränkt. Für den gewerblichen Einsatz von Drohnen gelten in vielen Ländern allerdings die noch deutlich strengeren Regularien der jeweiligen Luftverkehrsordnung. In Deutschland muss zum Beispiel jeder, der eine Drohne mit einem Startgewicht von über zwei Kilogramm gewerblich fliegen will, einen speziellen Kenntnisnachweis erbringen. Wer mit einer solchen Drohne Geld verdienen will, braucht also einen „Drohnenführerschein". In Österreich gibt es vergleichbare Regularien, und in der Schweiz sind entsprechende Verordnungen in Vorbereitung.

Wenn du einen solchen Kenntnisnachweis anstrebst, musst du nicht nur deine praktischen Fähigkeiten bei der Beherrschung von Drohnen unter Beweis stellen, sondern die Behörde verlangt auch Kenntnisse in Luftrecht, Meteorologie, Flugbetrieb und Navigation. Zudem solltest du deinen Versicherungsschutz anpassen, denn der Schutz der herkömmlichen Haftpflichtversicherung könnte bei gewerblicher Drohnennutzung schnell an Grenzen geraten.

NACHRICHTEN

Unser Auge am Himmel

Jeder kennt die abgebrühten TV-Journalisten und Reporter, die in den USA aus Hubschraubern berichten, um eine dramatische Perspektive auf Ereignisse am Boden bieten zu können. Die Medien scheinen nach ungewöhnlichen Bildern von Nachrichten zu gieren, also versorgen wir sie doch damit, oder? Besser nicht, denn diese interessanten Geschehnisse ereignen sich sehr häufig an Orten, über denen man nicht fliegen sollte oder das Fliegen sogar überhaupt nicht erlaubt ist. Schließlich sind nicht selten Autobahnen, Menschenmengen, öffentliche Gebäude oder Ähnliches Teil der dramatischen Geschehnisse.

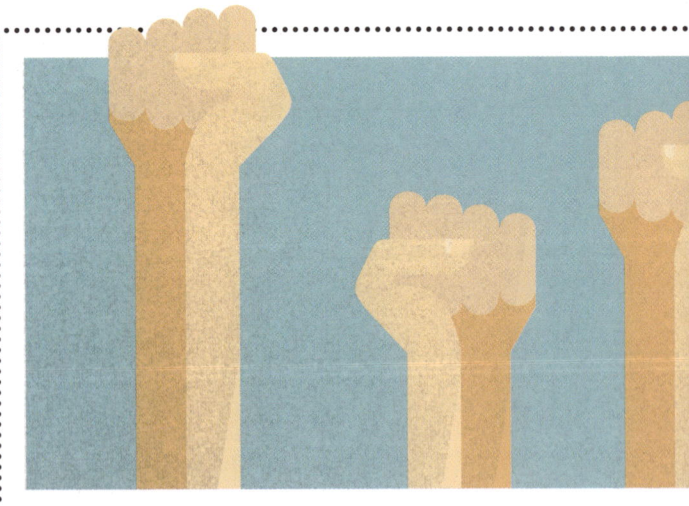

Das Medium, dem du deine Bilder zur Verfügung stellst, wird keine Probleme bekommen. Der Inhalt der Bilder zeigt aber klar, dass derjenige, der die Bilder mit seiner Kameradrohne aufgenommen hat, dabei alle möglichen Vorschriften verletzt haben könnte – und du hast ein echtes Problem, wenn herauskommt, dass du diese Person warst …

FOTO-
GRAFIE

DROHNEN-KAMERAS

Von ActionCams bis zu Profikameras

Wenn du bereits beim Kauf einer Drohne planst, damit zu filmen oder zu fotografieren, wählst du am besten ein Fluggerät mit integrierter Kamera. Wenn deine Drohne hingegen eine Kamera als optionales Zubehör vorsieht, dann kannst du dir die Kamera selbst aussuchen.

Die Beliebtheit von ActionCams und die starke Marktstellung des Herstellers GoPro haben zu einer entsprechenden Kollektion an passenden Gimbals und sogar Drohnen geführt, die speziell für diese Kameramodelle konstruiert wurden.

Im obersten Segment dieser Produktpalette findet man inzwischen drohnengeeignete Kameras, die über Funktionsmerkmale wie ferngesteuerten Fokus und optischen Zoom verfügen.

FOTOGRAFIE

BELICHTUNG

Die Obsession des Fotografen

Aus technischer Sicht ist die Fotografie die Kunst, drei wichtige Einstellungen auszutarieren: Blende (Brennweite), Verschlusszeit (beginnend bei kleinen Bruchteilen einer Sekunde) und Lichtempfindlichkeit (ISO).

Die Blende ist die Öffnung, durch die Licht auf den Bildsensor fällt. Je weiter sie geöffnet wird, desto mehr Licht fällt auf den Sensor – weshalb in der Regel der Wert der Verschlusszeit auch immer kleiner wird, je größer die Brennweite ist. Eine weite Blende verringert die Schärfentiefe, sodass der Hintergrund unscharf wird.

NORMALE ISO (z.B. 200)

HOHE ISO (z.B. 6400)

Die ISO erlaubt dir, diesen Effekt zu beeinflussen, indem sie den Sensor der Kamera lichtempfindlicher macht. Das Bild wird jedoch tendenziell körniger. Wenn deine Kamera es erlaubt, alle drei Werte einzustellen, musst du versuchen, für deine Bilder einen vernünftigen Ausgleich hinsichtlich Brennweitenbereich, Tiefenschärfe und Bildrauschen beziehungsweise Körnigkeit zu erzielen.

WEITE BLENDE (z.B. F/1.4)

NIEDRIGERE VERSCHLUSSZEIT (z.B. ¼ SEKUNDE)

FOTOGRAFIE

PRIVATSPHÄRE

Für Kameradrohnen gibt's ein paar Regeln mehr

Kameras an Drohnen können ein Problem sein. So waren Kameradrohnen bis vor Kurzem in den Niederlanden illegal, da sie nach der Gesetzgebung aus der Zeit des Kalten Krieges Spionagegeräte darstellten.

Wenn du eine Kameradrohne verwendest, kannst du hoffentlich schnell nachweisen, dass du keinesfalls dem Terrorismus zuneigst. Als Nächstes musst du den Verdacht zerstreuen, du hättest dir deinen Kameracopter nur angeschafft, um das Mädchen von nebenan zu „überwachen". Das beste Gegenargument ist es zu zeigen, wie nah du mit dem Weitwinkelobjektiv einer typischen Drohne an Menschen heranfliegen musst, um überhaupt vernünftige Bilder von ihnen machen zu können, und wie deutlich ein Copter in diesem Nahbereich von ihnen zu bemerken ist.

Dessen ungeachtet musst du als privater Drohnenpilot die Privatsphäre anderer Menschen stets beachten und dir für eventuelle Aufnahmen vorher ihre Erlaubnis einholen – was bei dem Mädchen im Bikini auf der rechten Seite selbstverständlich geschehen ist!

FOTOGRAFIE

KLEINE WELTEN

Winzige Planeten

Die Drohnenfotografie eröffnet eine ganz neue Welt fotografischer Möglichkeiten. Es gibt sogar kugelförmige Vorrichtungen, die du unter deine Drohne hängen kannst und die gleich mehrere Kameras enthält, sodass aus mehreren Bildern eine 360-Grad-Aufnahme entsteht, die man später mithilfe von Software oder einer VR-Brille betrachten kann.

Weniger kostspielig ist es, einfach auf einem Punkt zu schweben und mit der Steuerung des Gimbals und/oder der Drohnendrehung zahlreiche überlappende Bilder zu schießen, die man hinterher mithilfe von Software zusammensetzt.

Einige Hersteller bieten mittlerweile bereits automatische Funktionen an, welche die Kamera für Bilderserien in alle benötigten Richtungen drehen und die Bilder anschließend an einen Rechner senden, in dem sie digital zusammengesetzt werden.

FOTOGRAFIE

DIE WAHL DES OBJEKTIVS

Lass es natürlich aussehen

Landschaftsfotografen bevorzugen traditionell ein Weitwinkelobjektiv, das einen großen Bereich erfasst. Die extremen Fischaugenobjektive, die den größten Bereich einfangen, sind für ActionCams besonders beliebt, weil ihre Nutzer sich kaum Gedanken machen müssen, wohin sie die Kamera richten. Solche leichten Kameras sind auch oft an Drohnen montiert, obwohl Fischaugenobjektive für die Luftbildfotografie nicht ideal sind. Das führt dazu, dass die Bilder aus diesen Kameras oftmals charakteristisch gekrümmte Linien aufweisen.

Passende Software liefert hier gute Lösungen. Umfangreiche Programme zur Bildbearbeitung verfügen über eine automatische Linsenkorrektur, welche als Ergebnis ein gerade ausgerichtetes Bild liefert. Es gibt auch Apps für Smartphones und Tablets mit den entsprechenden Funktionen. Piloten, die aufwendigere Kameras mit austauschbaren Objektiven besitzen, sind in der beneidenswerten Lage, auf diese Weise das Erscheinungsbild ihrer Luftaufnahmen selbst bestimmen zu können.

LINSEN-
KORREKTUR

FOTOGRAFIE

AKKUPFLEGE

Tipps für ein langes, gesundes Leben

Sie sehen unscheinbar aus und wiegen so viel wie ein Backstein. Aber Akkus stellen die Technologie dar, die es ermöglicht, mithilfe der Fernbedienung gezielt durch die Luft schwirren zu können, ohne auf winzige Benzinmotoren zurückgreifen zu müssen. Einige Hersteller geben sich inzwischen große Mühe, smarte Akkus zu bauen, die in der Lage sind, ihre Ladung selbst zu verwalten, aber die meisten Powerpacks brauchen trotzdem etwas liebevolle Zuwendung.

Alle Lithium-Polymer-Akkus haben eine maximale Ladung von 4,2 Volt pro Zelle. Ein 3S-LiPo-Akku liefert also maximal 12,6 Volt. Lande deine Drohne rechtzeitig, sobald du merkst, dass der Energievorrat zur Neige geht. Eine Zelle sollte niemals bis unter 3 Volt entladen werden, denn das führt zu irreparablen Schäden.

VORSICHT

Lass LiPo-Akkus nicht im Auto liegen, wenn die Gefahr besteht, dass es sich in der Sonne stark aufheizen kann. Achte stets auf Schäden an den Akkus, denn aus einem Riss in der Zelle kann schnell ein Feuer entstehen.

Akkus sollten auch nicht lange bei Maximal- oder Minimalladung gelagert werden, sondern am besten bei der Nominalspannung von 3,7 Volt. Die meisten Ladegeräte für LiPo-Akkus können die Akkus genau bis zu diesem Punkt laden oder entladen, um eine besonders akkuschonende Lagerung zu gewährleisten.

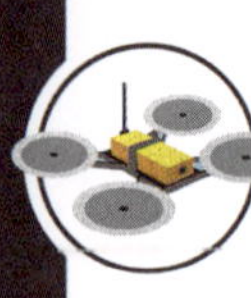

Glossar

Akzelerometer – Beschleunigungssensor, der die Beschleunigung auf einer gegebenen Achse, und damit im Grunde die g-Kraft, misst.

Arduino – Ein kostengünstiges Steuersystem mit kostenloser Open-Source-Software, mit der sich Zubehörkomponenten, wie Servos, einfach steuern lassen. Viele Flugsteuerungen basieren auf diesem System, auch ArduCopter.

ARF (auch ARTF) – Almost Ready to Fly, also „beinahe flugbereit". Vorgefertigte Bausätze, denen noch ein wichtiges Element fehlen kann, meist ein Sender.

autonomes Fliegen – Fliegen ohne manuelle Steuerung, die Drohne oder der Copter folgt einem vorprogrammierten Flugplan mit zahlreichen Wegpunkten.

Barometersensor – ein Sensor, der die Flughöhe anhand des Luftdrucks bestimmt.

BEC – Battery Eliminator Circuit, eine Schaltung, über die der Betriebsakku mehrere Geräte eines Copters mit Strom versorgt. Sie kann z. B. dem Akku gestatten, den Motoren die volle Voltspannung zu liefern, ebenso wie die geringere Spannung für die kleineren Motoren eines Gimbals oder für FPV. Ein BEC regelt die Spannung auch sicher herunter. Damit steigt zwar der Stromverbrauch am Hauptakku, jedoch hat ein BEC weniger Gewicht und Volumen als ein zweiter Akku und vereinfacht das Laden.

Binding – der Vorgang, einen Empfänger mit einem Sender zu verbinden.

BNF – Bind and Fly, ein Copter, der bereit ist, mit einen Sender verbunden und geflogen zu werden.

Brushless oder bürstenlose Motoren – In der Welt der Multicopter fast überall eingesetzt, sind diese kraftvollen Motoren effizienter, haben eine längere Lebensdauer als ihre Vorgänger, die Bürstenmotoren, und begnügen sich mit einer kürzeren Übersetzung.

Cameraship – ein Multicopter mit Kamera, dessen Hauptzweck das Fotografieren oder Filmen ist.

CG oder COG – Center of Gravity, auf Deutsch Schwerpunkt. Dieser Punkt des Fluggeräts sollte sich im Zentrum befinden, um ungleiche Lasten für die Motoren zu vermeiden. Du wirst die Flugsteuerung oftmals am oder beim Schwerpunkt platzieren oder wenigstens beim Setup definieren müssen, wie weit sie von dem Punkt entfernt ist.

Controller – die Funkfernbedienung des Piloten, nicht zu verwechseln mit der Flugsteuerung.

Drohne – Das Wort wird im Buch für Multicopter/UAV verwendet und hat, wenn nicht anders vermerkt, keinerlei militärischen Konnotation.

ESC – Electronic Speed Controller, ein Gerät, das zwischen Flugsteuerung und Motor sitzt und dessen Geschwindigkeit reguliert.

Expo – Die Expo-Einstellungen ändern die Reaktion des Servos/Motors von linear (30 % am Hebel entsprechen 30 % Gas/Schub) hin zu einer S-Kurve, die in der mittleren Position flacher und weniger sensitiv ist.

FPV – First Person View. Ein Kamerabild von der Drohne wird auf einen Monitor oder eine Videobrille gesendet, sodass man „durch die Augen" der Drohne fliegt.

Gains – Damit meinen Piloten zumeist die PID-Einstellungen.

Gimbal – Bei Drohnen ist dies eine Kamerahalterung, die eine Kameraposition und -bewegung unabhängig von der Position und Bewegung des Copters ermöglicht.

GLONASS – russisches Äquivalent des GPS.

Gyroskop – Das auch kurz Gyro genannte Kreiselinstrument bestimmt die Lage des Copters im Raum und wird von der Flugsteuerung zu seiner Stabilisierung benutzt.

Hobbydrohne – eine Bezeichnung für Copter, die eine Stufe über Spielzeugdrohnen angesiedelt sind und auch Bausätze für Multicopter, wie den DJI Phantom, umfassen.

IMU – Inertial Measurement Unit, ein Kombipaket von Gyroskopen und Beschleunigungsmessern zur Feststellung der Lage im Raum und der Stabilität.

INS – Inertial Navigation System, ein Navigationssystem, das den Standort auf der Basis von Geschwindigkeits- und Bewegungssensoren bestimmt, wenn GPS vorübergehend nicht verfügbar ist.

Intervalometer – ein Gerät, das die Kamera anweist, in definierten Abständen Fotos zu machen.

KapteinKUK – eine Flugsteuerung mit eingebautem LCD-System im mittleren Preissegment, z. B für den TameSky 1.

Karbonfaser – starker und leichter Baustoff, aus dem viele Drohnengestelle zumindest teilweise bestehen.

LiPo – Kurzform für Lithium-Polymer-Akku. Nahezu jede Drohne verwendet einen LiPo-Akku aufgrund des günstigen Verhältnisses von (hoher) Leistung und (niedrigem) Gewicht.

LiPo-Tasche – Eine feuerfeste Tasche zur Aufbewahrung von LiPo-Akkus. LiPo-Akkus können sich auf gefährliche Temperaturen erhitzen, deshalb ist die Verwendung solcher Taschen empfehlenswert.

LOS – Line of Sight oder Sichtlinie. Generell sollten Piloten – und das gilt vor allem für Hobbyflieger – ihren Copter jederzeit im Blick haben.

mAh – Milli-Ampere pro Stunde, die Einheit, in der die Kapazität eines Akkus gemessen wird. Eine 1000-mAh-Zelle (1.0 Ah) ist in einer Stunde leer, wenn sie 1 Ampere Strom liefert, bei 2 Ampere würde sie eine halbe Stunde halten, bei 4 Ampere 15 Minuten. Je höher die Kapazität des Akkus ist, desto länger ist die Flugzeit.

MAV – Micro Air Vehicle, ein kleines UAV.

MAVLink – ein Kommunikationsprotokoll, mit dem ArduCopter- und ArduPlane-Autopiloten arbeiten.

Mod – vom Begriff Modifikation abgeleitete Bezeichnung für eine Änderung des ursprünglichen Herstellerdesigns.

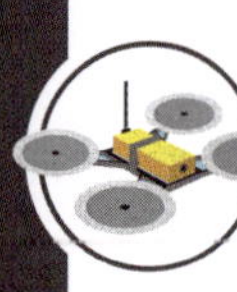

MultiWii – Mit dieser Opensource-Software konnte jeder die komplexen Gyroskope in Nintendos Wii-Steuerung verwenden, die bald auch für Multirotoren-Fluggeräte verfügbar waren. Die Software kommt in Flugsteuerungen zur Anwendung, die diese Sensoren enthalten.

NAZA – eine Flugsteuerung des Herstellers DJI für Eigenbaupiloten, die in einer Variante in den beliebten Modellen Phantom 1 und 2 der Firma sitzt.

NMEA – Abkürzung für (US) National Marine Electronics Association. Diese Institution hat einen Kommunikationsstandard festgelegt, der auch in der Kommunikation zwischen GPS-Empfängern und PC sowie mobilen Endgeräten genutzt wird.

Octocopter – ein Multicopter mit acht Propellern.

Optischer-Fluss-Sensor – ein Sensor, der mit einer nach unten gerichteten Kamera sichtbare Strukturen und Merkmale erkennt und mit diesen die Geschwindigkeit der Drohne über Grund misst.

OSD – On-Screen Display, eine Art, Telemetriedaten in die von einer Drohne ausgehende Videoverbindung einzuspeisen, sodass man sie mit FPV-Brille oder auf einem Bildschirm sehen kann.

PIC – Pilot in Control, im Profijargon verbreiteter Ausdruck dafür, dass ein Mensch steuert – im Gegensatz zu Computer in Control oder Autopilot.

PID – Zusammengesetzte Abkürzung für Proportional, Integral, Derivative, sogenannte „Gain"-Einstellungen, die beeinflussen, wie der Copter auf Steuerungsbefehle und äußere Faktoren, wie Wind, reagiert. P definiert den Umfang an Korrekturen zur Stabilisierung des Copters, der I-Wert gibt vor, wie viel Zeit vergeht, bis die Flugsteuerung sich intensiver bemüht, die Korrektur vorzunehmen, und D-Gain gleicht die Effekte der P- und I-Regler aus, um ein Übermaß zu verhindern. Ein (zu) hoher D-Wert kann aufgrund des Dämpfungseffekts eine (zu) große Verzögerung zwischen Hebelbefehl und Ausführung zur Folge haben.

Pitch – Beim Nicken, der Drehung um eine horizontale Querachse, kommt es zu einer Front- bzw. Heckneigung des Copters, die letztlich Vorwärts- bzw. Rückwärtsbewegung bedeutet.

RC – Radio Controlled, also funkgesteuert. Der Begriff umfasst alles, was per Funk gesteuert wird, also auch ferngesteuerte Flugzeuge, Boote, Autos und mehr.

Roll – Beim Rollen, der Drehung um die Längsachse, würde bei einem Flugzeug ein Flügel nach oben und der andere nach unten gehen, bei einem Multicopter ist es die Bewegung nach links oder rechts, ohne dass sich die Frontausrichtung ändert.

RTF (Ready to Fly) – ein Multicopter, der – gegebenenfalls von einigen noch vorzunehmenden Einstellungen abgesehen – vom Moment des Erwerbs an flugbereit ist.

RTH (Return to Home) – Flugmodus, der den Copter zum Startpunkt zurückbringt, wo er dann landet. Der Modus ist oft voreingestellt für den Fall, dass der Copter die Funkverbindung verliert. Es ist wichtig, die Einstellung mit einer Höhenangabe zu versehen, die beim autonomen Landeanflug alle Hindernisse in der Nähe vermeidet.

RTL (Return to Land) – *siehe* RTH, Return to Home.

Rx – Kurzbegriff für Receiver, auf Deutsch Empfänger.

Spielzeugdrohne – Der Handel unterscheidet gerne zwischen „Hobbydrohne" (gut und teuer) und „Spielzeugdrohne" (nicht so gut und billig). Du kannst beim Bemühen, eine Spielzeugdrohne zu fliegen, viel lernen, geh aber nicht davon aus, dass du bei ihr Teile ersetzen oder gute Videos mit ihr erstellen kannst.

Telemetrie – Daten, die von einem entfernten System aus gesendet bzw. empfangen werden, dazu zählen Informationen wie Geschwindigkeit, Flughöhe, Akkustand usw. Telemetrie ist hilfreich, aber zum Fliegen keineswegs unabdingbar.

Throttle – Begriff für Schub oder Gas, die Rotationsgeschwindigkeit der Propeller wird mit mehr oder weniger Throttle verstärkt oder verringert, was ein Steigen bzw. Sinken zur Folge hat.

Tx – Kurzbegriff für Transmitter, auf Deutsch Sender.

UAS – Unmanned Aerial System, unbemanntes Flugsystem. Der Begriff beschreibt urprünglich die Militärversion eines UAV und soll wiedergeben, dass das eigentliche Fluggerät Teil eines Systems ist, welches auch Infrastruktur am Boden umfasst.

UAV – Unmanned Aerial Vehicle, unbemanntes Luftfahrzeug. Der Begriff beschreibt im Grunde alles, das ferngesteuert geflogen wird, und hat im Gegensatz zu UAS eine dezidiert zivile Konnotation.

Ultraschallsensor – ein Sensor, der den Abstand zum Boden mithilfe von ausgesendeten Schallwellen bestimmt, die vom Boden zurückgeworfen werden, und der bei Entfernungen von bis zu drei Metern recht verlässlich ist.

VLOS – Visual Line of Sight, *siehe* LOS.

Waypoint – Wegpunkt, ein von Koordinaten definierter Ort im Raum. Wenn du einen autonomen Flug einstellst, schickst du die Drohne normalerweise nacheinander zu einer Reihe von Wegpunkten.

Yaw – Beim Gieren, der Drehung um eine zentrale Vertikalachse, die bei einem Flugzeug vom Ruder verursacht wird, ändert sich die Frontausrichtung des Copters.

Zuladung – die Menge an Gewicht, die deine Drohne (abgesehen von sich selbst und den Akkus) anheben und befördern kann.

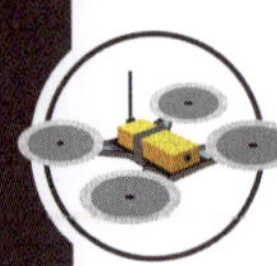

Register

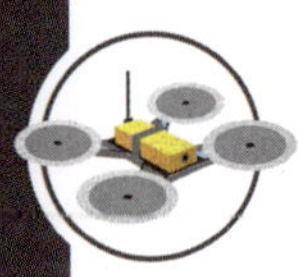

DANK

„Mit der Zeit begann ich, euch als Menschen zu sehen, die mir einmal begegnet sind.“

ARNOLD J. RIMMER, HELD DER ENGLISCHEN SCIENCE-FICTION-KULTSERIE „RED DWARF“

Für die Existenz dieses Buches schulde ich all jenen beim Ilex-Verlag Dank, denen bewusst war, dass Menschen, die Drohnen besitzen, durchaus auch schöne Bücher zu schätzen wissen. Was die Schönheit dieses Buches betrifft, ziehe ich meinen Hut vor dem Illustrator und Grafikdesigner Anders Hanson. Ein Buch mag eine tolle Idee sein, es materialisiert sich aber keinesfalls aus dem Nichts. Ohne Frank Gallaugher, den Meister der Terminplanung (und des iPads), wäre die Arbeit an diesem Werk im Chaos geendet. Danke auch an Nancy Price-Cabrera für ihre glänzenden Lektoratskünste, Julie Weir für ihren künstlerischen Rat und Pete Hunt, der mich vor der Bürocrew blamierte, indem er meine Drohne besser flog als ich selbst, sowie Roly Allen, der dafür verantwortlich ist, dass ich überhaupt über Drohnen schreibe. Ein riesiges Dankeschön geht auch an den Ausnahmedrohnenpiloten Jack Nash. Weil sie alle dafür sorgten, dass ich durchhielt, und darüber hinaus all das Fliegen, die Abstürze, das Löten und Basteln ertrugen, geht außerhalb des Büros meine grenzenlose Dankbarkeit und Liebe an Vasiliki und selbstverständlich an Mum, Dad und meine Schwester Emily.